彩铅 + 马克笔 + 水彩

时装画速成技法宝典

李红萍 ◎ 编著

化学工业出版社

·北京·

本书从彩铅、马克笔、水彩三种表现方式入手，多角度、全方位解析手绘时装效果图的技法与技巧。书中配有大量精美时装画范例，结合时装人体比例、服装的褶皱、廓形、动态、五官，服装各部件与人体的关系、服装服饰配件等，涵盖薄纱、皮革、格纹、条纹、针织、皮草、牛仔、波点等；还包括上装、裙装、半裙、连衣裙、裤装、礼服等多款服装款式。全书从基础知识入手，通过全步骤详解，让时装手绘变得简单方便、快速上手。

本书适合时装设计师、学习时装设计的学生和专业院校师生、时尚爱好者和插画爱好者阅读和参考。

图书在版编目（CIP）数据

彩铅+马克笔+水彩：时装画速成技法宝典 / 李红萍编著. —北京：化学工业出版社，2019. 9

ISBN 978-7-122-34856-2

Ⅰ. ①彩… Ⅱ. ①李 Ⅲ. ①时装-素描技法 Ⅳ. ①TS941. 28

中国版本图书馆CIP数据核字（2019）第143206号

责任编辑：朱　彤　　　　美术编辑：王晓宇
责任校对：王　静　　　　装帧设计：水长流文化

出版发行：化学工业出版社（北京市东城区青年湖南街 13 号　邮政编码 100011）
印　　装：北京缤索印刷有限公司
787mm × 1092mm　1 / 16　印张 16　字数 319 千字　2020 年 1 月北京第 1 版第 1 次印刷

购书咨询：010-64518888　　　　售后服务：010-64518899
网　　址：http: // www.cip.com.cn
凡购买本书，如有缺损质量问题，本社销售中心负责调换。

定　　价：89.80 元

前言

时装画技法是学习服装设计必备的技能之一。为了能随心所欲地绘制出令人艳羡的时装画，就需要掌握相应的技法。时装画是通过多种不一样的技法来表现和诠释时装人物以及时装款式的一种平面效果。对于专业院校学生、服装行业从业者还是设计爱好者而言，本书都能有助于在短时间内快速提高绘画水平，全面掌握时装画技法。

本书以彩铅、马克笔、水彩三种不同的表达方式，更加全面地展示了手绘时装效果图的全过程学习，循序渐进，案例丰富，深入、细致。全书对时装人体、时装款式进行了详细分析和讲解，从彩铅、马克笔、水彩的工具介绍和技法表现入手，利用简单的绘画工具，结合时装人体比例、服装的褶皱、廓形、动态、五官，服装各部件与人体的关系、服装服饰配件等，以彩铅、马克笔和水彩对不同时装画的效果表现进行全方位讲解，不仅涵盖多种款式、众多配饰线条绘制以及质感表现，还配以大量时装范例，从更多角度、全方位解析手绘时装效果图的技法与技巧。通过借鉴书中风格多变的技法与技巧，使初学者在短期内能够把设计思维转化为实际表现手段，轻松、快速地绘制色彩丰富、千变万化的时装作品。

本书有很多生动案例，涵盖薄纱、皮革、格纹、条纹、针织、皮草、牛仔、波点等；时装款式包括：上装、裙装、半裙、连衣裙、裤装、礼服等多款服装款式。全书还附有多款精美时装画范例，可供学习者临摹、绘制。

编著者旨在通过精心挑选的每一张图片、精心编写的每一段文字、用心绘制的每一张款式图，让你轻松完成更加时尚、柔美灵动的时装画。本书适合时装设计师、学习时装设计的学生和专业院校师生、时尚爱好者和插画爱好者阅读和参考。本书可为读者提供零基础学习的解决方案，进一步揭示了时装画艺术表现形式的审美和时尚流行趋势，能帮助读者快速入门、成为高手！

编著者

2019年7月

目录

第1章 时装画入门

第2章
时装画人体

第3章
时装款式

第4章 彩铅时装面料表现技法

第5章 马克笔时装面料表现技法

第6章 水彩时装面料表现技法

第7章 彩铅+马克笔+水彩综合表现技法

第1章 时装画入门

时装设计是一门综合、全面的艺术形式，可将设计师脑海中的设计灵感和实际想法绘制出来，使人们能够更加直观地了解设计师的创作。时装画是从刚开始作为设计师设计时装的手稿直到如今发展成为一种插画艺术。随着绘画工具的不断创新，时装画的技法也越来越丰富，甚至可在一张作品里利用多种绘画工具混合使用以达到不同的画面视觉效果。

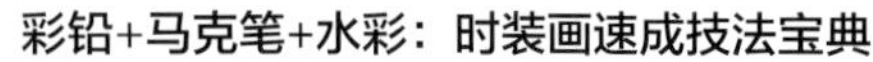

1.1 了解时装画

时装画是以绘画作为基本手段，通过丰富的艺术处理方法来体现服装设计的造型和整体气氛的一种艺术形式。时装画应该是多元化、多重性的。从艺术的角度出发，时装画强调绘画功底、艺术情操以及创意灵感。由于创意灵感稍纵即逝，因此在第一时间内捕捉绘画灵感显得尤为重要，能够突出更高水平的审美。

1.1.1 时装画的定义

时装画也称为服装画、服装效果图，是指能够正确表达服装穿在人体上所产生的实际效果的一种设计图。服装款式、内部结构线、装饰线、服装面料质地、图案等特点都需要表现出来，既能表现设计师的意图，也能体现穿着效果。

1.1.2 学习时装画的方法

学习时装画手绘技法的表现，可以分为三个阶段：第一阶段是学习绘制草图阶段，在草图的绘制阶段可以帮助设计师了解服装的大致表现方法；第二阶段是学习绘制服装款式图的阶段，通过不断练习平面服装图的绘制，能够更加明确地表现服装的内部细节特点；第三阶段是学习服装效果图的阶段，可以通过先临摹他人优秀的服装画作品以及时装摄影图片等，慢慢形成自己的风格、特点。

1.1.3 时装画的分类

时装画大致可以分为五种类型：第一阶段是时装草图，时装草图是能够快捷地反映设计师思维成果的符号性记录；也可以预告流行，属于被宣传媒体广泛应用的图；第二阶段是时装效果图，是服装设计师将设计灵感通过点、线、面、体以及色彩等要素，在平面上创作形象，所描述出来的一种着装图；第三阶段是平面结构图，是指将款式结构、工艺特点、装饰细节以及制作流程进一步细化形成的具有实际依据的图；第四阶段是时装插画，是指应用于广告和商标上的时装画；第五阶段是资料式效果图，可运用于时装公司研发新的服装款式，明确记录服装细节，更加便于查询和保存。

1.2 彩铅绘画工具

彩铅是初学者学习时装画比较容易掌握的绘画工具。彩铅的笔触更加细腻，叠色也更加自然，通过对控制彩铅的力度以及运笔的方式能够描绘出精确的时装画细节；而且在彩铅绘画过程中出现错误时，也能用橡皮进行一定程度的修改。

1.2.1 自动铅笔

自动铅笔是非常准确并且富于变化的绘图工具，在时装画中是常用的工具之一。自动铅笔可以画出精密的线条和准确的时装细节，方便携带。

1.2.2 绘图铅笔

传统的绘图铅笔的笔芯是以石墨为主要原料，可供绘图和速写使用，根据软硬程度分为不同等级，可分为8B、6B、4B、2B、HB、2H、6H等；B数字越高，铅笔笔芯越软，也更加容易上色；从HB到6H，都属于硬铅笔。

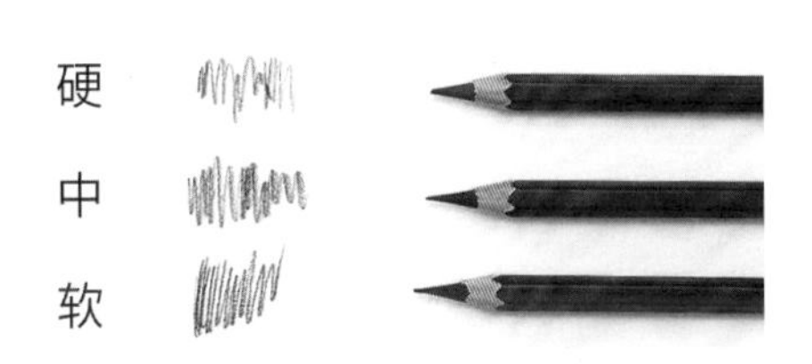

1.2.3 绘画纸张

纸张的选择在时装画中是十分重要的环节。不同纸张能画出不同效果，不同的绘画工具也要搭配不同的绘图纸张。彩铅绘画纸张一般选择纸质洁白、紧密度厚实的绘图纸。

常用的绘画纸张有美术素描纸和复印纸。美术素描纸的纸张比较厚实，纸质带有颗粒

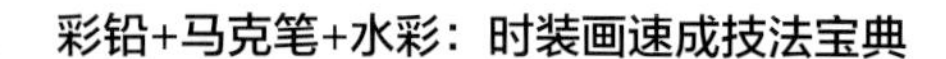

效果，比较容易进行颜色的叠色处理，不打滑，容易上色。复印纸纸张挺度佳，厚实平整，不掉粉，叠色、上色颜色清晰。

1.2.4 橡皮

橡皮在绘画过程中属于辅助绘画工具。绘画橡皮应选择较软的橡皮，不会损坏纸张。

1.2.5 水溶彩铅

水溶彩铅的笔芯可以溶于水，用清水调和之后可以绘制出类似水彩的画面效果。水溶彩铅的颜色比较亮丽，笔芯软硬度适中。例如，辉柏嘉水溶彩铅的笔芯采用矿物质铅芯设计，铅笔的水溶效果好。

此外，施德楼水溶彩铅色彩亮丽、上色效果佳，沾水晕染有很好的水溶效果，笔芯顺滑柔软。

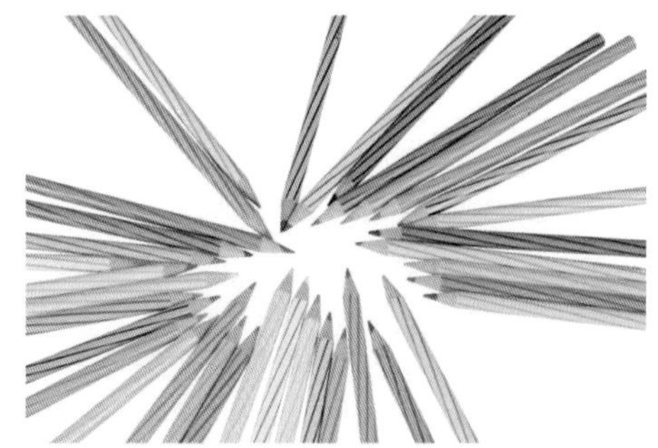

1.2.6 油性彩铅

油性彩铅是所有彩铅里面颜色最为鲜艳、厚重的，笔芯有一定蜡质感，可以表现出一定的肌理效果。

说明：本书中用到的就是辉柏嘉油性彩铅。辉柏嘉油性彩铅进行叠色表现时有较强的沉淀效果，可以画出丰富的层次感。

马可雷诺阿油性彩铅叠色效果鲜艳，油性彩铅的色彩会循序渐进，呈现不同的画面效果。

1.3 马克笔绘画工具

马克笔色泽艳丽，使用便捷并具有独特的表现风格，使其成为深受设计师青睐的表现工具。马克笔属于硬质画材，因而表现力和表现形式没有软质画材丰富多变，然而马克笔根据不同类型以及用笔变化，也能够绘制出风格多变的效果。

1.3.1 油性马克笔

油性马克笔的色彩饱和度高，色牢度较好，颜色在经过多次叠色后仍然可以保持比较鲜亮的色泽。

马克笔的两端有笔头，一头为宽笔头，一头为软头；宽头适合绘制大面积服装，软头适合细节绘制。

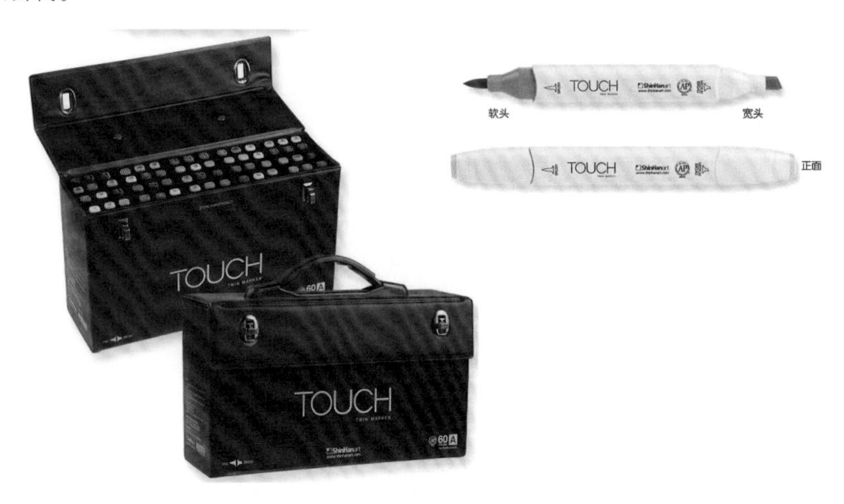

1.3.2 水性马克笔

水性马克笔的颜色透明度高，色泽鲜亮，色融性好。水性马克笔可以蘸取清水进行水溶，绘制出类似水彩的效果。

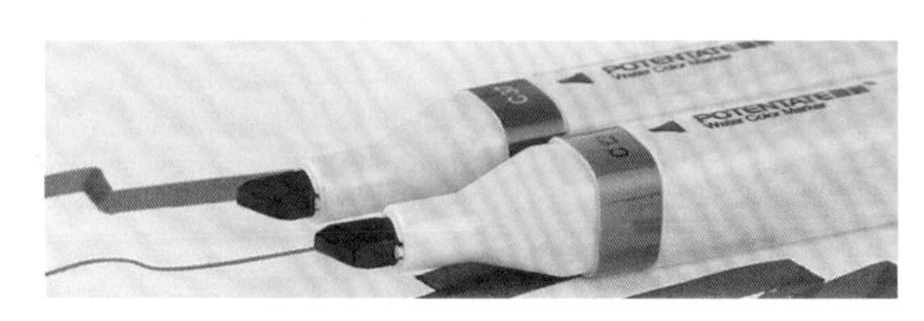

1.3.3 酒精马克笔

酒精马克笔的挥发性强，有些墨水能够防水并且可以绘制在任何光滑的纸面上。酒精马克笔的性价比高，适合初学者使用。

1.3.4 马克纸

由于马克笔的墨水渗透力较强，如果纸张太薄，墨水会轻易渗透到纸张背面甚至污染纸张。专业的马克纸背面会有一层光滑涂层以防止墨水渗透。

本书中所用到的马克纸为玛丽牌马克纸。玛丽牌马克纸的纸张厚实光滑，不易渗透，白色纸张能够增强色彩的表现力。

1.3.5 针管笔

针管笔也称为细节勾线笔。针管笔的笔芯较细，一般用于勾勒轮廓线条以及面部五官等线条细节来进行表现。针管笔属于硬性笔，用笔时要干脆利落。

本书中所用到的针管笔为日本樱花针管笔。樱花针管笔线条流畅，可满足设计爱好者

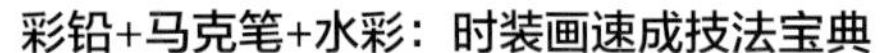

的需求，防水，不晕染，价格适中。

本书中所用到的针管笔为日本COPIC针管笔。COPIC针管笔的手感好，墨水流量充沛，笔头不容易内缩，坚固耐用，针管笔的颜色丰富。

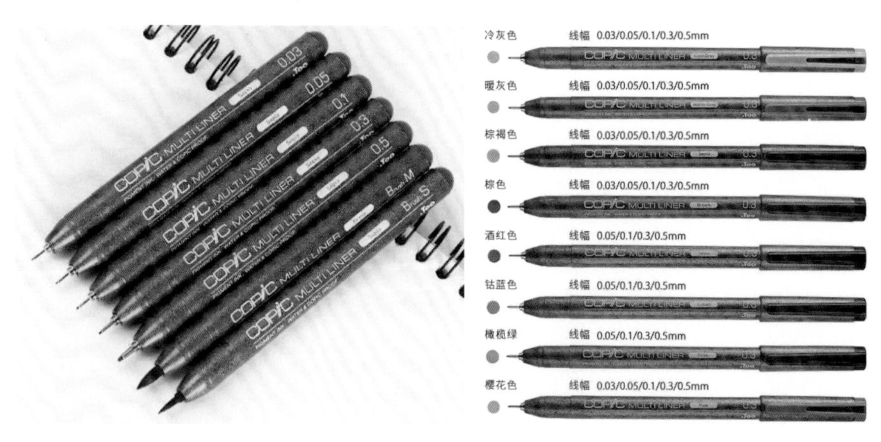

本书中所用到的针管笔为日本吴竹针管笔。吴竹针管笔颜色也比较丰富，有多种型号、颜色可供选择，防水，防酒精，价格较高。

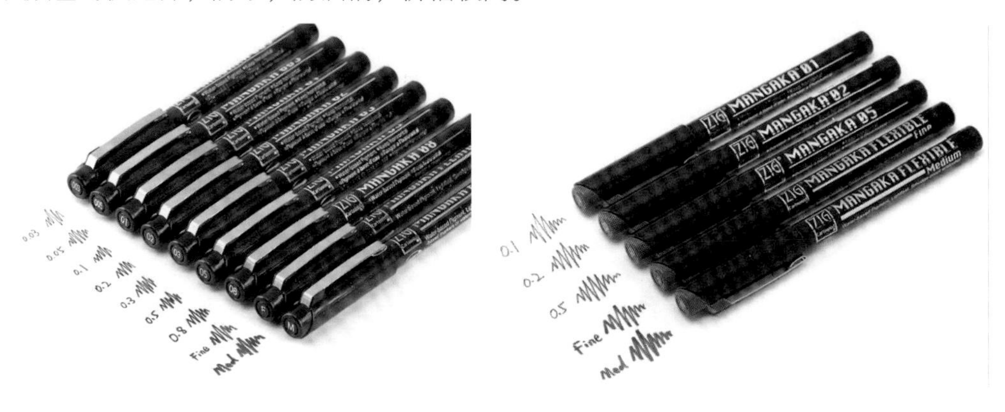

1.3.6 勾线笔

勾线笔一般用于强调轮廓、结构转折处或者描绘细节。通过控制勾线笔的力度以及笔尖方向的变化，能够绘制出变化灵活的线条。

本书中所用到的勾线笔为日本吴竹美文字笔。吴竹美文字笔采用塑料笔杆设计，手握舒适；还采用防滑橡胶材质进行设计，辅以水性黑墨水的设计，可以轻易展现笔锋变化。

本书中所用到的勾线笔为中柏秀丽笔。中柏秀丽笔的笔锋软硬适中，出墨均匀，有弹性，采用拔帽式笔帽设计。

1.3.7 纤维笔

纤维笔可以画出极细的线条，也可以画出粗细变化的线条；还可以进行染色，用于绘制面部细节非常方便。例如，慕那美纤维笔的颜色丰富，根据不同的握笔力度可以画出粗细不同的线条变化。

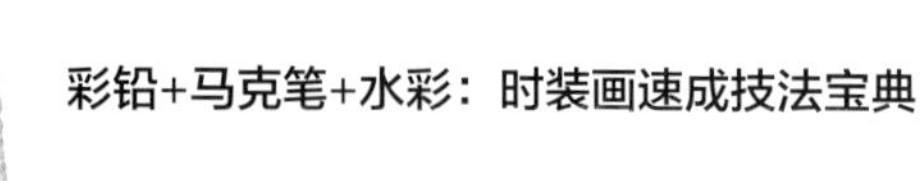

1.3.8 高光笔

高光笔是一种具有覆盖性的油漆笔，几乎能在任何纸张上绘图并且能够遮挡住底色。

本书中所用到的高光笔为樱花高光笔。樱花高光笔手感舒适，做工精细，覆盖性好，出水线条流畅，利于画图。

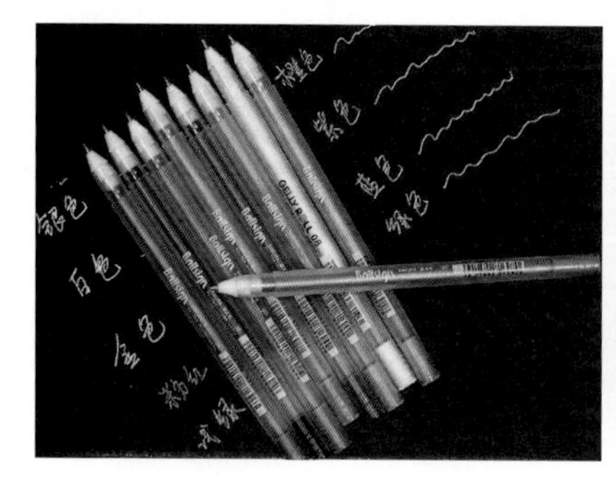

本书中还采用了三菱高光笔。三菱高光笔采用双珠设计，防止漏墨，书写流畅，手感舒适，适合在作画过程中点缀高光。

1.4 水彩绘画工具

水彩的透明度高，调色方便，易于过渡，表现效果极为丰富，既可以表现得潇洒大气，也可以表现得细腻写实、层次丰富。水彩的表现效果受到绘画工具和表现技法的影响，不同颜料、纸张以及画笔都会产生不同效果。

1.4.1 管装水彩颜料

管装水彩颜料蘸取方便，色彩的混合性好，水分充足，管装颜料的价格更加实惠，适合初学者使用。例如，马利牌水彩颜料的色彩鲜艳，外观漂亮，有新颖高雅的质感，密封效果好。

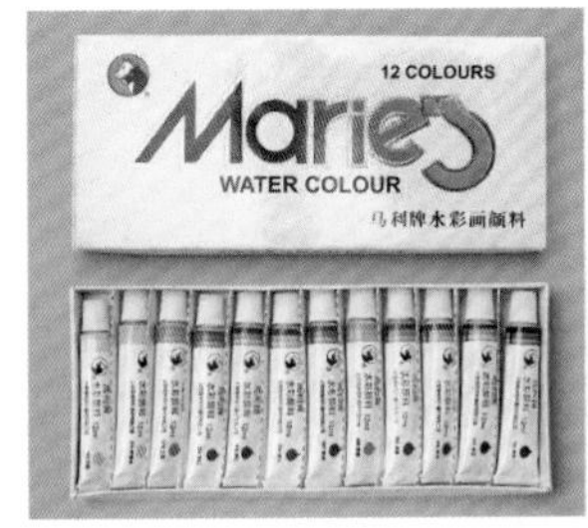

此外，温莎牛顿水彩颜料的颜色饱满，色彩鲜艳，膏体细腻均匀，笔触流畅，耐晒牢度高。

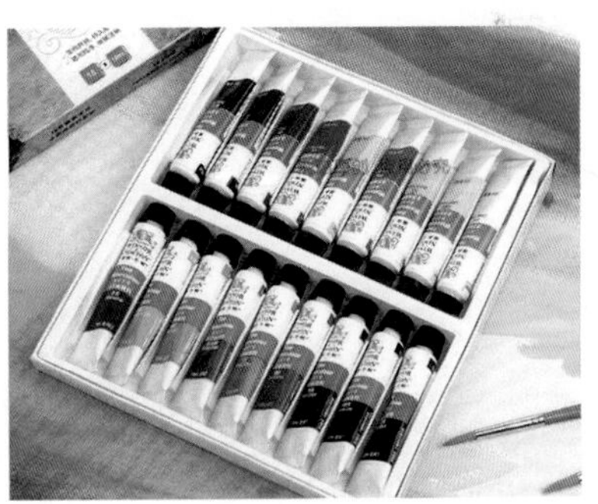

1.4.2 固体水彩颜料

固体水彩使用非常方便，也容易携带，通过控制水分可以调出合适的颜色，色彩非常亮丽。

本书中所用的固体水彩颜料为吴竹固体水彩，颜色鲜亮，色彩饱满细腻，颜色水溶性好，可用水调和，色彩均匀，画面感清新。此外，吴竹固体水彩价格适中，适合初学者使用。

水彩颜色

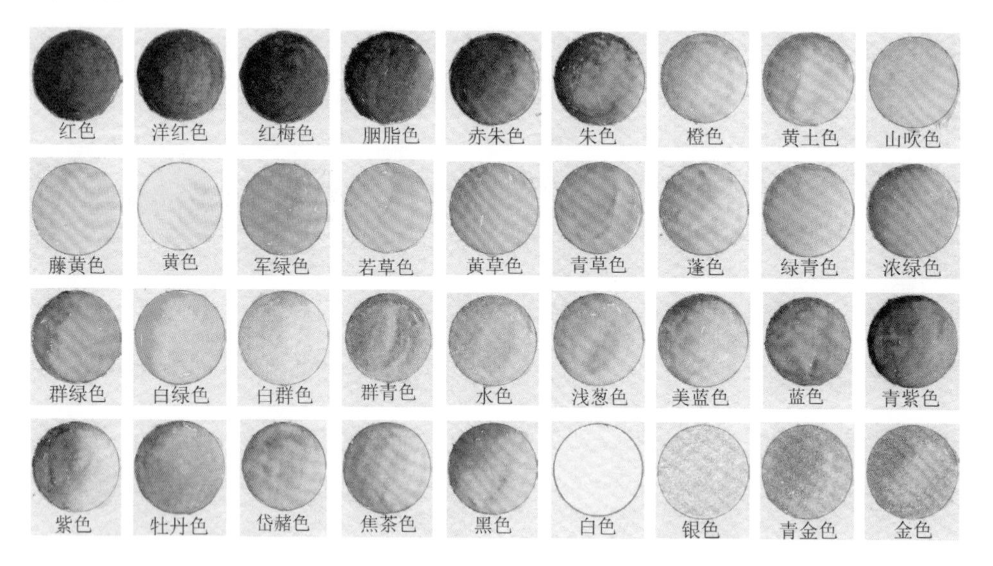

1.4.3 水彩毛笔

一幅好的水彩时装画，对于毛笔的选择非常重要：貂毛水彩笔是最佳选择，毛笔既能含水又具有弹性，可以大面积铺色，也可以绘制细节；松鼠毛画笔有极大的蓄水量，但是这两种毛笔的价格相对比较昂贵，也可以用传统的国画毛笔来代替。羊毫笔和狼毫笔适合初学者使用，毛笔柔软。

1.4.4 水彩纸

想要绘制一幅具有完整水彩特点的时装画，就要采用专门的水彩纸。根据材质的不同，水彩纸可以分为棉浆水彩纸和木浆水彩纸。棉浆水彩纸的吸水性比木浆水彩纸强，根据表面的纹理，也可以分为粗纹、中粗纹和细纹三种纸张。

比如常用的水彩纸品牌有康颂水彩纸、宝虹水彩纸、阿诗水彩纸等。

1.4.5 调色盘

调色盘属于水彩绘画中的辅助工具，以毛笔蘸取颜色和清水后在调色盘中进行调色，调出合适的颜色进行上色，比如常见的有美捷乐水彩调色盘、得力调色盘等。

调色盘

1.4.6 吸水海绵

吸水海绵属于水彩画绘制中的辅助工具。吸水海绵能够更好地控制毛笔上的水分，展现更好的画面效果。

吸水海绵

1.4.7 水桶

水桶也是水彩画中常见的辅助工具，主要用于清洗毛笔上的多余颜色。在绘制时装画时，一般选取可以置于桌面的小型水桶。

第2章

时装画人体

时装画表现的是人的着装状态，人体和时装缺一不可，不论是以何种技法来表现服装，或是表现何种类型的服装款式，都是要以准确、协调的人体为基础，然后再进行适当变化和夸张来突出服装的视觉效果。

2.1 人体比例

人体是时装画中学习的重点，也是时装画里面的难点。时装画中的人体与现实中的人体相比，属于美化的理想人体，根据服装表现风格的不同，人体变形与夸张的程度也不一样。一般来说，时装画里面通常以九头身作为黄金风格比例。

2.1.1 人体结构

为了能够准确地绘制人体的比例和结构，也为了能够更加方便地区分人体各个部位的特征，通常将人体结构分为九大区块，分别为头部、胸部、肚脐、臀部、大腿、膝盖、小腿肚、小腿跟和脚。

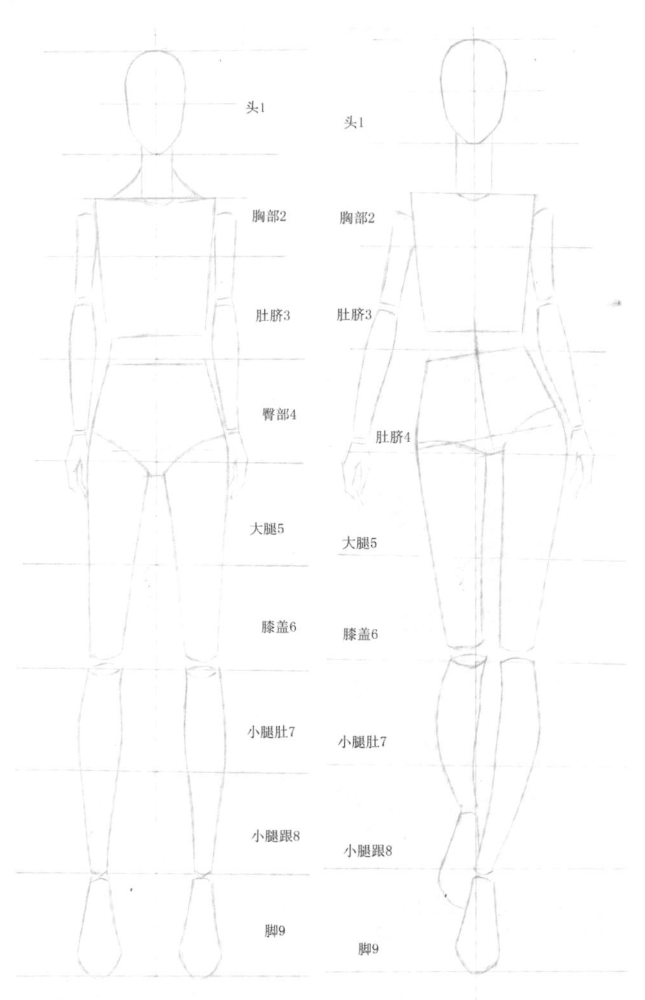

2.1.2 头身人体对比

人体比例是以头长作为一个单位长度。现实生活中的女性比例为7个头身，8个、9个头长身比例为时装画中为了美化服装的视觉效果而进行一定程度美化的人体比例。不管是7头身、8头身，还是9头身的人体比例，除了长度方面的变化，人体各个结构部分在宽度上还是要符合一定的比例关系。

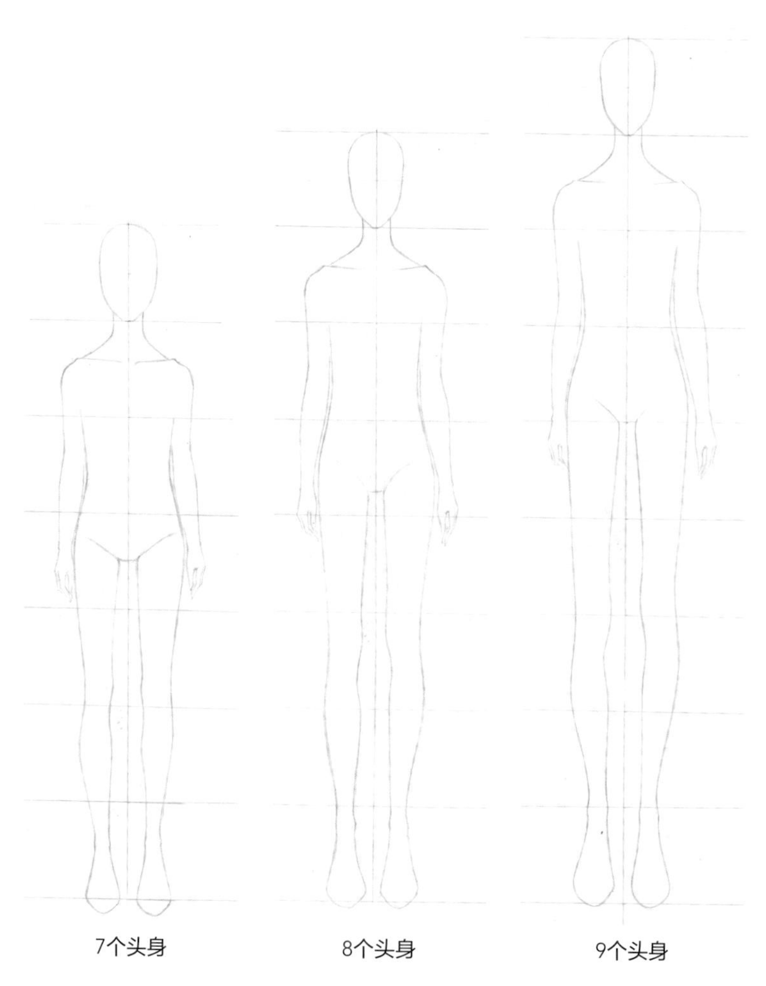

7个头身　　8个头身　　9个头身

2.2 人体动态

在时装画里面，人体动态的变化是为了更好地展示服装的特点，突出服装设计里面的重点样式。不同的服装需要借助不同动态进行展示。在绘制人体动态时，最为重要的是动态平衡，简而言之就是人是否站立平衡，而不是东倒西歪。在人体保持平衡的前提下，当进行人体动态变化时，身体扭转和运动要符合运动规律，同时动态变化时不要倾倒或是歪斜。

2.2.1 站立动态

案例表现的是静止站立的人体动态，站立动态对服装的遮挡比较少，能够更全面地展示服装的样式，也是时装画最常用的时装动态之一。在绘制站立动态时，胸腔和盆腔为站立动态表现的重点，还要注意受力的腿部与放松腿部之间的区别，保持人体的平衡状态。

绘画工具

1. 施德楼自动铅笔。
2. 施德楼橡皮。

绘制要点

1. 胸腔与盆腔的外轮廓线条表现。
2. 大腿之间轮廓线条的变化处理。

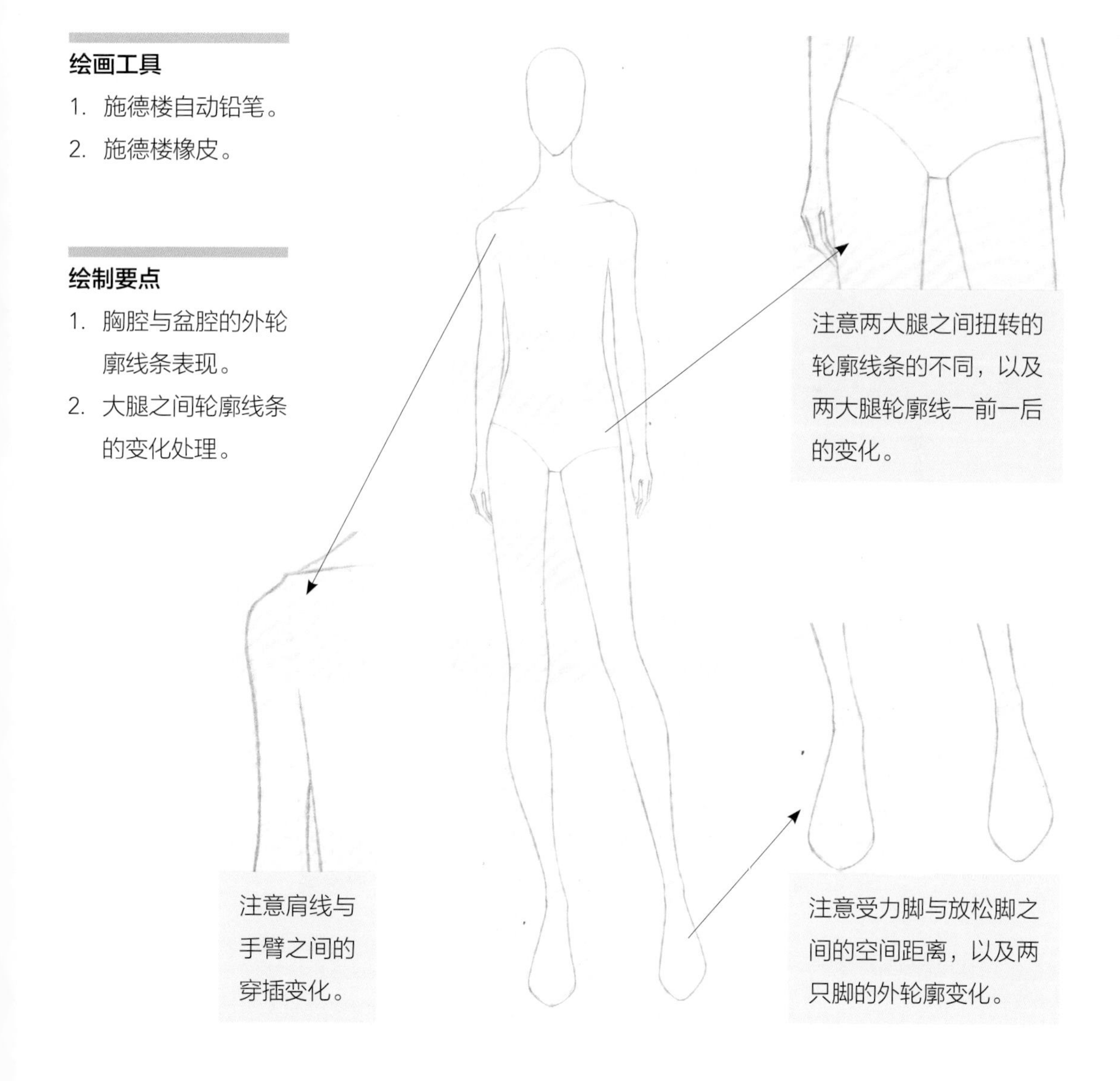

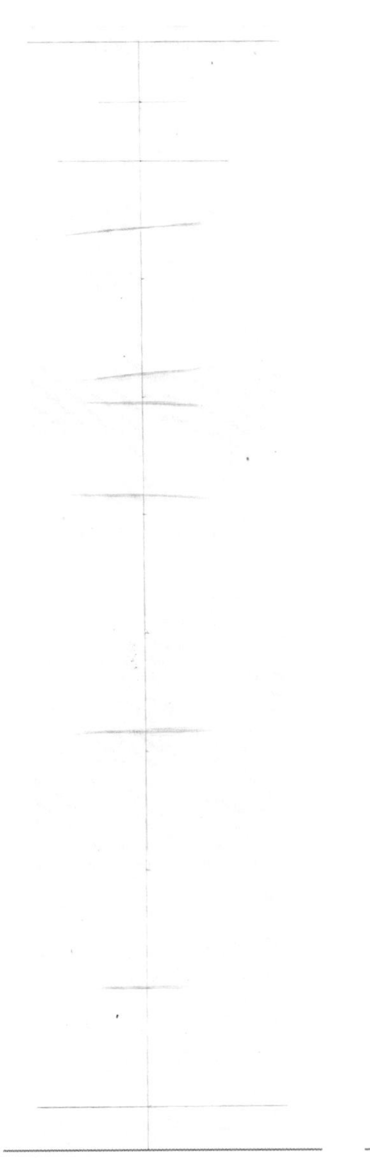

步骤一 ▶ 先画出一条中心线，再确定出头部最高以及脚的最低点，然后九等分平分；再确定出头部、胸腔、盆腔、大腿、小腿的位置线条。

步骤二 ▶ 根据确定好的头部长度，画出头部的外轮廓线条，应注意头部外形呈现一个椭圆形，再画出脖子的长度线条以加深胸腔的横线。

步骤三 ▶ 继续画出胸腔的外形轮廓，根据上一步确定好的胸腔宽度以及确定好的胸腔长度，画出胸腔的外轮廓线，再画出站立动态人体的盆腔外轮廓线条。

步骤四 ▶ 画出腿部的线条，先确定出受力腿部的位置，再确定好放松腿部的位置，画出两腿部的外轮廓变化的线条，再画出脚的外轮廓线条。

步骤五 ▶ 画出脖子与肩部连接的斜线，再画出上臂的轮廓线条，之后画出小臂的轮廓线条；最后，画出手的外轮廓，注意两手臂的变化。

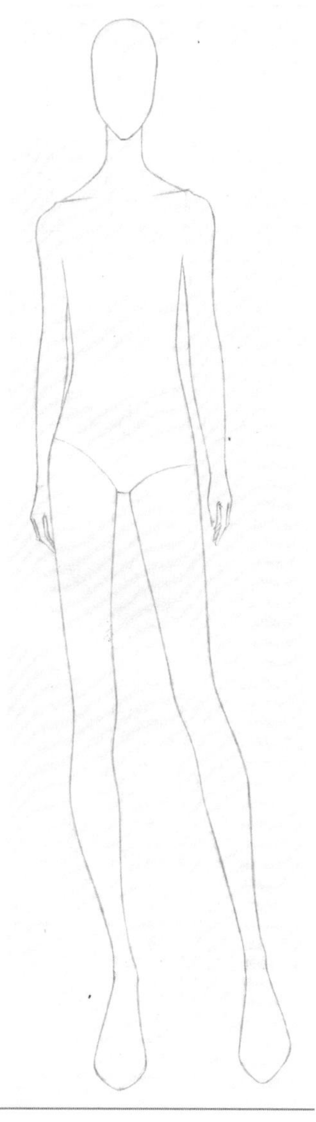

步骤六 ▶ 根据上一步确定好的人体外轮廓线条，先擦除多余的辅助线条，再整体加深站立动态人体的外轮廓线条，应注意从脖子到手部连接线条的变化处理。

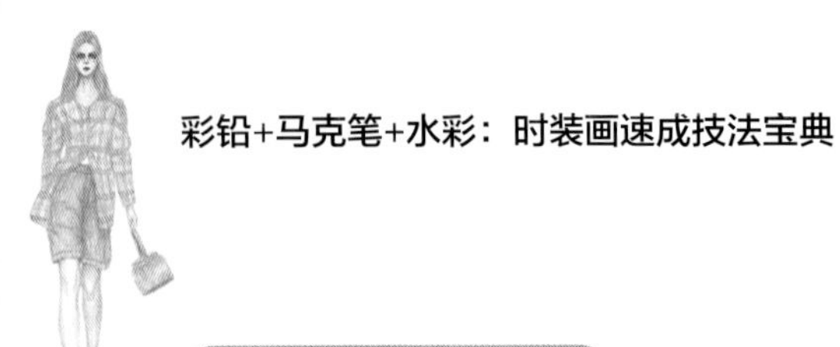

2.2.2 走动动态

案例表现的是走动的人体动态，也是时装画中常用的时装人体动态；走动动态的人体能够凸显盆腔的摆动以及手臂的摆动特点，更加突出女性的曲线美，在展示服装的款式时也更加生动。绘制走动动态人体时，首先要确定好胸腔和盆腔的摆动弧度，再找准受力腿部与盆腔之间的关系。不论动态如何变化，要保持人体的平衡关系。

绘画工具

1. 施德楼自动铅笔。
2. 施德楼橡皮。

绘制要点

1. 摆动手臂的轮廓绘制。
2. 腿部之间的空间变化处理。

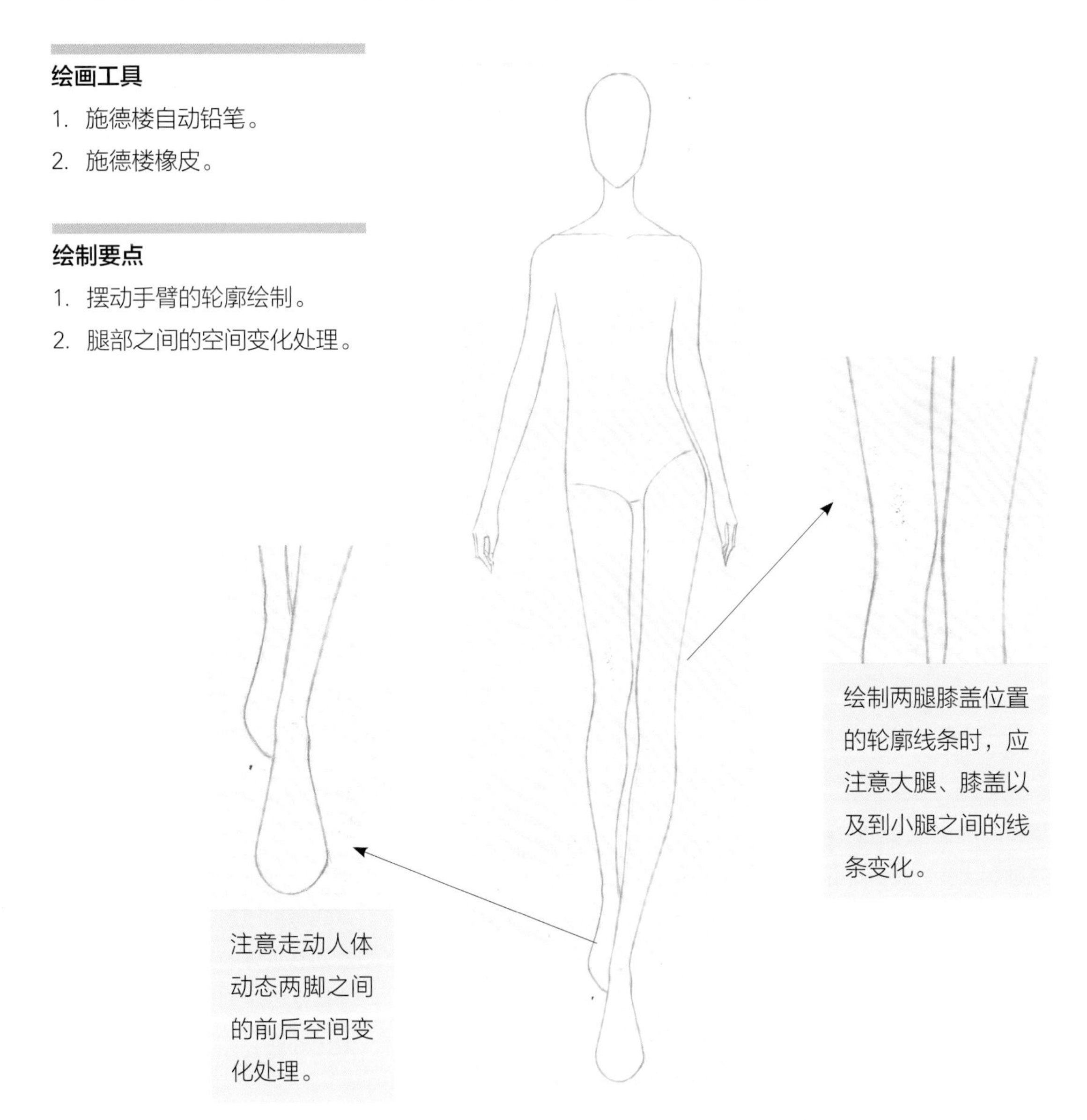

步骤一 ▶ 先画出一条中心线，再确定出最高点和最低点；以九等分平分，再确定出胸腔、盆腔的长度，再画出腿部之间摆动的线条。

步骤二 ▶ 根据确定好的头部长度，画出头部的外轮廓形状，再画出脖子的长度线条；再确定出胸腔的宽度，画出脖子和胸腔连接的斜线。

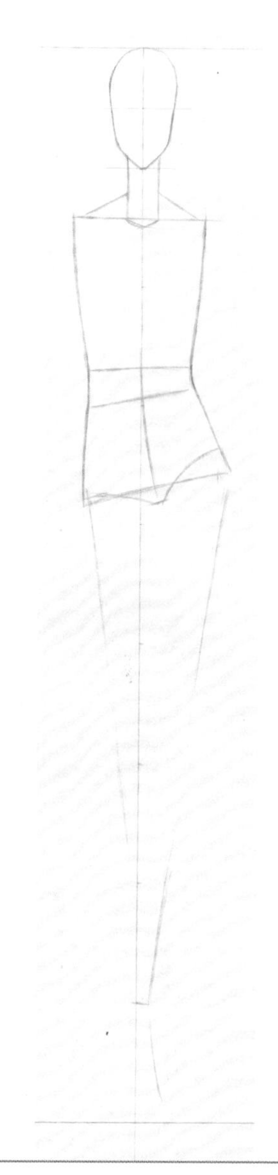

步骤三 ▶ 确定好胸腔宽度和长度，画出胸腔的轮廓线条，再画出摆动的盆腔外轮廓线条。

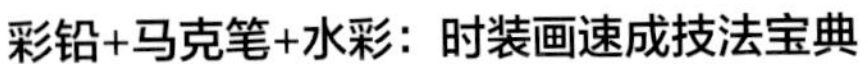

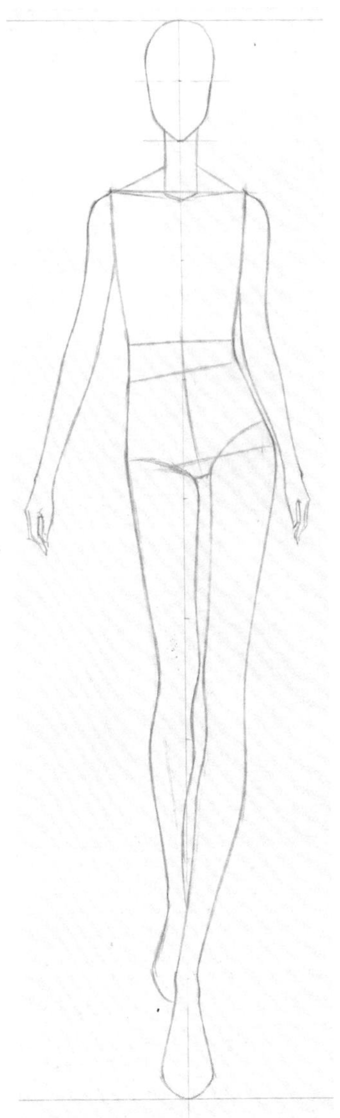

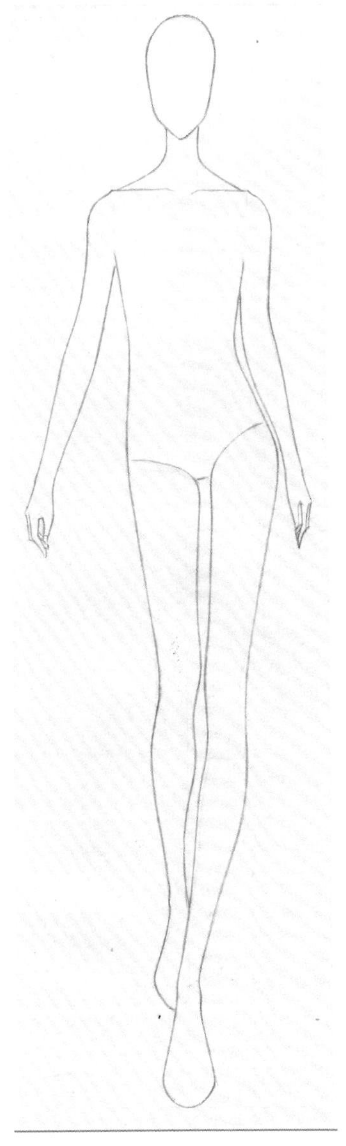

步骤四 ▶ 先画出受力腿这边的手臂以及腿部的轮廓线条，注意上臂与小臂之间的轮廓变化；再画出手的轮廓线条，绘制受力腿的轮廓线条时，应注意脚的轮廓特点。

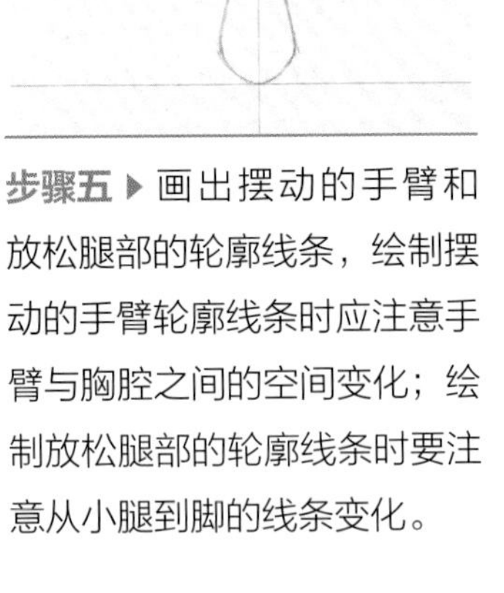

步骤五 ▶ 画出摆动的手臂和放松腿部的轮廓线条，绘制摆动的手臂轮廓线条时应注意手臂与胸腔之间的空间变化；绘制放松腿部的轮廓线条时要注意从小腿到脚的线条变化。

步骤六 ▶ 在上一步确定好的走动人体动态上面，先擦除多余的辅助线条，再仔细刻画整体的走动动态人体的外轮廓线条，应注意手的轮廓线条刻画。

2.2.3 时装画常用人体动态

2.3 头部、五官和四肢

人体的结构比较复杂，除了掌握人体的基本比例以及人体动态之外，还需要对人体各个细节部分进行学习。在整体的人体表现中，头部、面部五官以及四肢的各个部分都有着一定的比例关系，头部除了能作为衡量比例关系的标准之外，还能更好地体现人物的精神面貌，尤其是面部五官能使人物的神情更加生动。

2.3.1 正面头部

案例表现的是正面头部。正面头部以中心线为准左右对称，面部五官根据“三庭五眼”的比例关系进行绘制。“三庭”是指脸部的长度为三等分，由发际线到眉毛、眉毛到鼻底、鼻底再到下巴，这三部分的长度相等。“五眼”是指脸部的宽度为五只眼睛的长度，两眼之间的距离为一只眼睛的长度，耳朵的长度根据眉毛到鼻底的长度决定。

绘画工具

1. 施德楼自动铅笔。
2. 施德楼橡皮。

绘制要点

1. 面部五官的比例关系。
2. 耳朵与头发的线条处理。

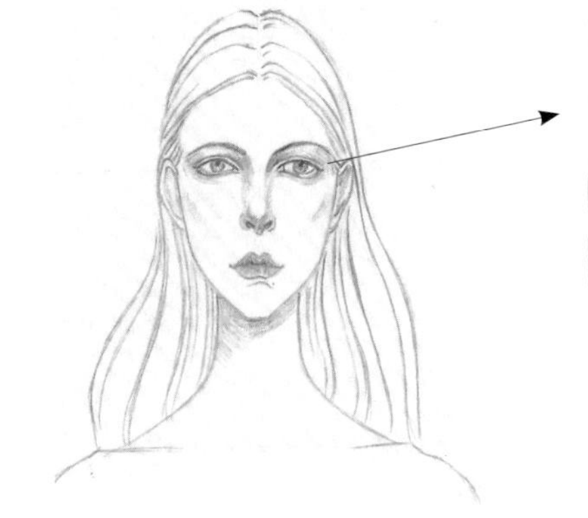

注意眉毛、眼角与鼻梁之间的轮廓线条特点。

步骤一 ▶ 先画出一条中心线，再画出头顶和下巴的位置，确定头部的长度，再画出一条横线中心线。

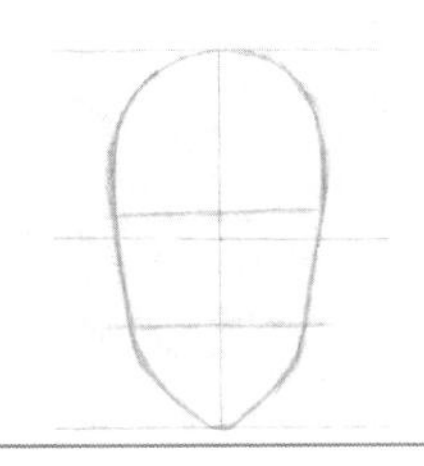

步骤二 ▶ 三等分平分头部的长度，画出眉毛和鼻底的直线，再画出头部的外轮廓线条。

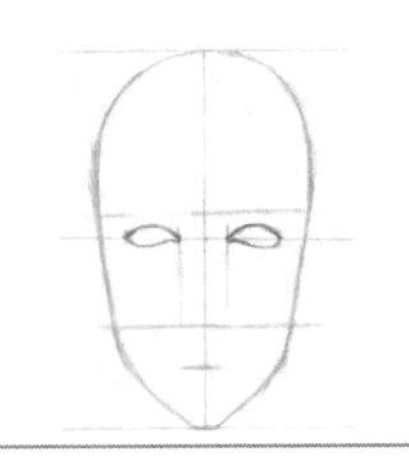

步骤三 ▶ 确定眼睛的位置，根据“五眼”的比例关系，画出两只眼睛的外轮廓线条。

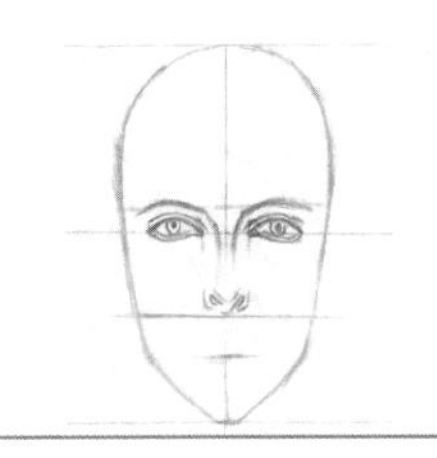

步骤四 ▶ 画出眼珠以及眼皮的线条，再画出眉毛的形状，最后确定出鼻子的形状。

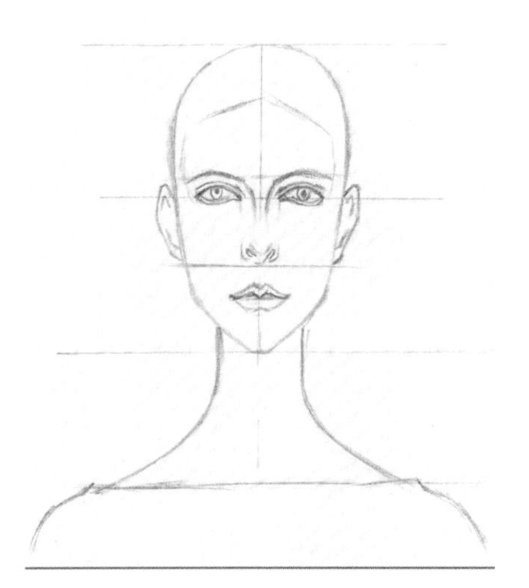

步骤五 ▶ 继续画出嘴巴和耳朵的轮廓形状，再画出脖子的长度以及肩膀的宽度。

步骤六 ▶ 根据上一步确定出发际线位置，画出头发的外轮廓以及内部头发丝的细节。

步骤七 ▶ 擦除多余的杂线，仔细刻画出面部五官、头部轮廓以及头发的线条。

步骤八 ▶ 加深面部五官的阴影，加深眼窝到鼻梁到鼻底的暗部颜色，再加深嘴唇的固有色。

2.3.2 侧面头部

案例表现的是四分之三侧的侧面头部。四分之三侧的头部表现难度比较大，五官不像正面头部一样左右对称，而是根据面部扭转产生的透视五官会有所变形。绘制侧面头部时，鼻梁到鼻底到嘴唇之间的中心线不变，要注意两眼之间的大小变化以及面部轮廓的变化。

绘画工具

1. 施德楼自动铅笔。
2. 施德楼橡皮。

绘制要点

1. 眼睛的透视变化。
2. 面部外轮廓线条的绘制表现。

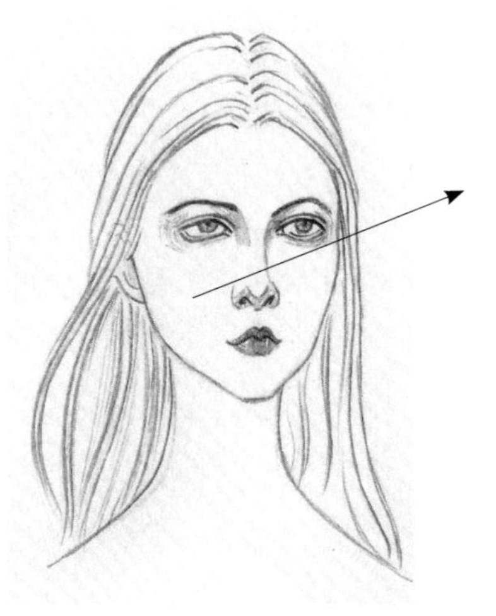

绘制面部侧面的外轮廓线条时，要注意与面部五官之间的距离。

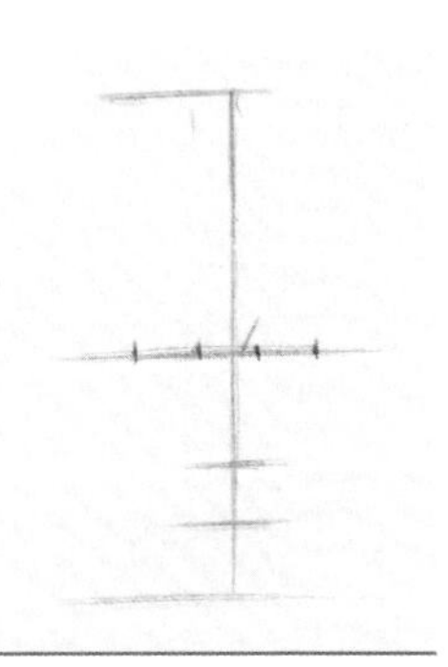

步骤一 ▶ 画出一条中心线，再画出头部的长度，找出眼睛、鼻底以及嘴巴的位置，再确定出眼睛的长度。

步骤二 ▶ 画出眼睛的外轮廓线条，注意面部扭转边的眼睛相对比较短，再画出眉毛的形状。

步骤三 ▶ 根据鼻梁到鼻底到嘴巴的中线，先画出鼻子的轮廓线条，再画出嘴巴的轮廓。

步骤四 ▶ 根据画好的面部五官，画出面部的轮廓线条，再画出脖子的长度。

步骤五 ▶ 画出耳朵的轮廓，找出发际线的位置，画出头发轮廓线条以及头发丝的细节。

步骤六 ▶ 擦除多余的辅助线，仔细刻画侧面头部的轮廓线条，再画出眼窝到鼻梁到鼻底的暗部颜色。

2.3.3 眼睛

眼睛是最能表现人物特点的部位。在绘制正面眼睛时，我们可以把眼睛看成为不对称的橄榄形状，内眼角一般比外眼角低，而且上眼睑的弧度大于下眼睑，在绘制眼睛时要表现出这些细节的变化。

绘画工具

1. 施德楼自动铅笔。
2. 施德楼橡皮。

绘制要点

1. 两眼之间的距离。
2. 眼睛形状的特点。

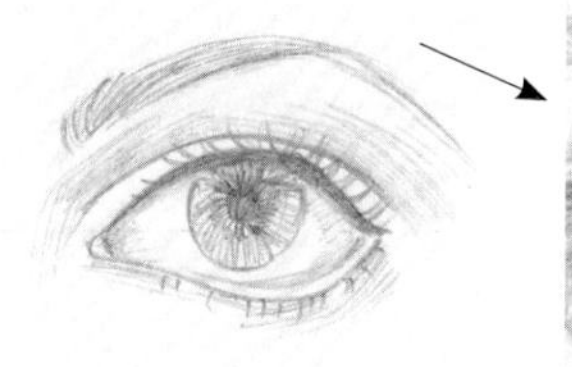

要注意眉毛与眼角之间的距离。

步骤一 ▶ 先画一条横线中心线，再确定出两眼的距离，再确定出眼睛的长度。

步骤二 ▶ 找出上眼睑的最高点以及下眼睑的最低点，再画出眼睛的外轮廓，画出眼珠的形状。

步骤三 ▶ 继续画出双层眼皮的线条，再画出眉毛的轮廓形状和特点。

步骤四 ▶ 擦除多余的辅助线，加深眼睛的轮廓线条以及眉毛的颜色，画出眼珠的颜色以及睫毛的线条。

多种眼睛范例

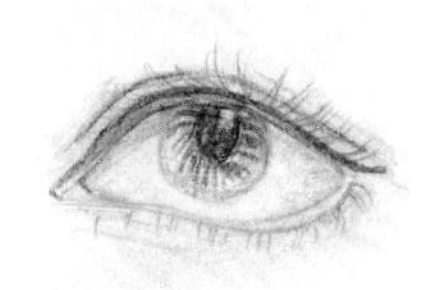

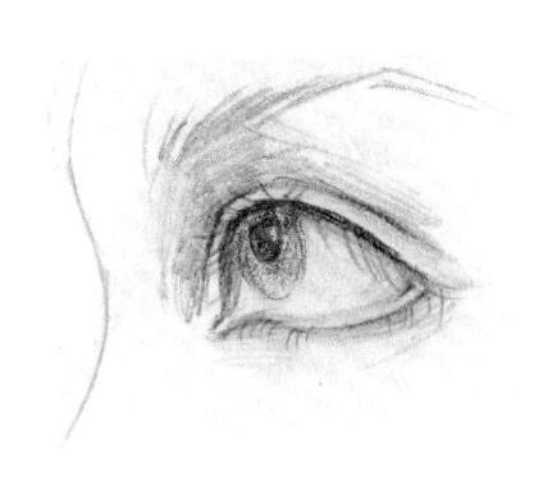

2.3.4 鼻子

鼻子属于面部立体感最强的五官，也是面部最凸起的部分，是由一个正面、两个侧面和一个底面构成的五官。鼻翼位于鼻侧面，鼻孔位于鼻底面，在绘制鼻子的形状时，应注意鼻梁的高度。

绘画工具

1. 施德楼自动铅笔。
2. 施德楼橡皮。

绘制要点

1. 鼻梁的高度表现。
2. 鼻翼与鼻孔的线条绘制。

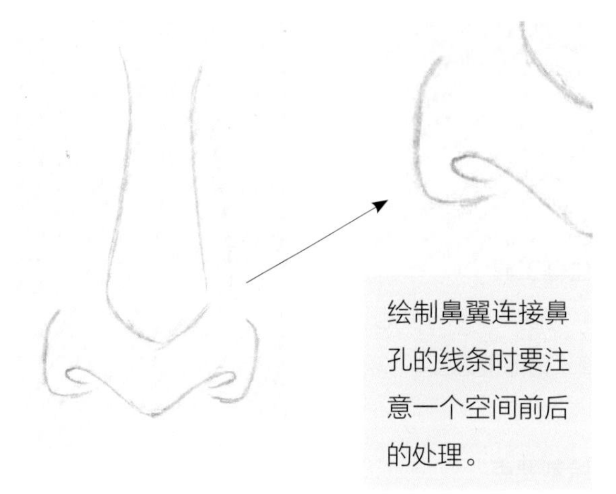

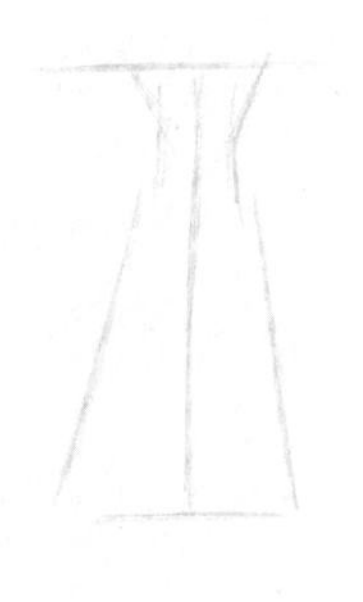
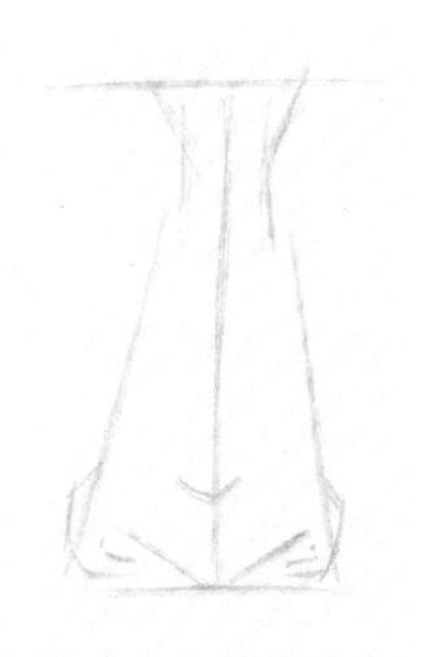
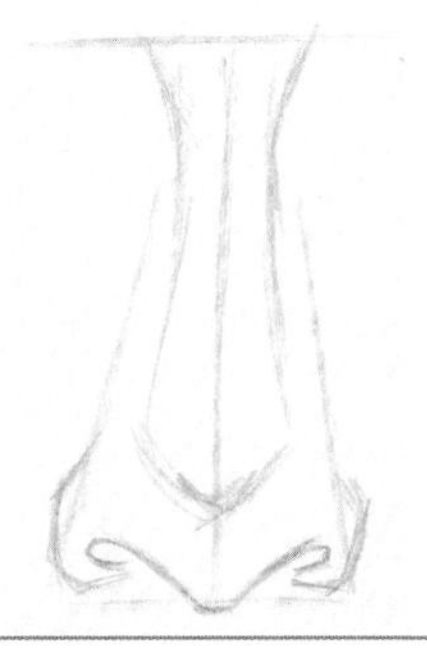
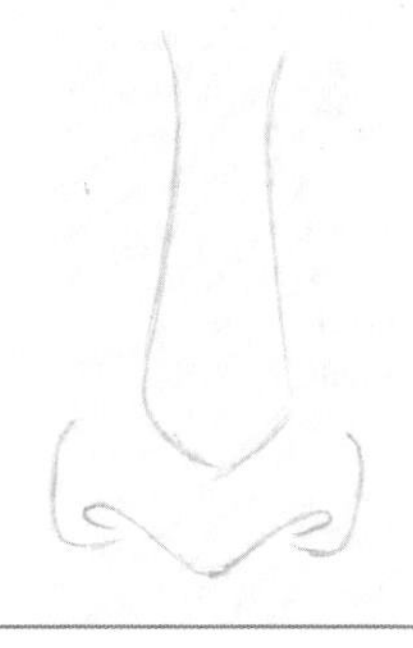

步骤一 ▶ 先画出一条中心线，再画出一个上窄下宽的梯形来概括鼻子的轮廓。

步骤二 ▶ 画出鼻头的位置，再画出鼻翼到鼻孔的线条。

步骤三 ▶ 用弧顺的线条画顺鼻翼连接鼻孔的弧线，再确定出鼻头的位置。

步骤四 ▶ 擦除多余的辅助线，再仔细刻画鼻梁、鼻头、鼻翼与鼻孔的线条。

多种鼻梁范例

2.3.5 耳朵

耳朵位于头部的两侧，一般在绘制时装画时，都会对耳朵简单进行概括，耳朵的透视与其他五官不同：当头部位于正面时，耳朵处于侧面；当头部位于侧面时，耳朵处于正面。

绘画工具

1. 施德楼自动铅笔。
2. 施德楼橡皮。

绘制要点

1. 外耳的轮廓形状表现。
2. 正面耳朵的透视处理。

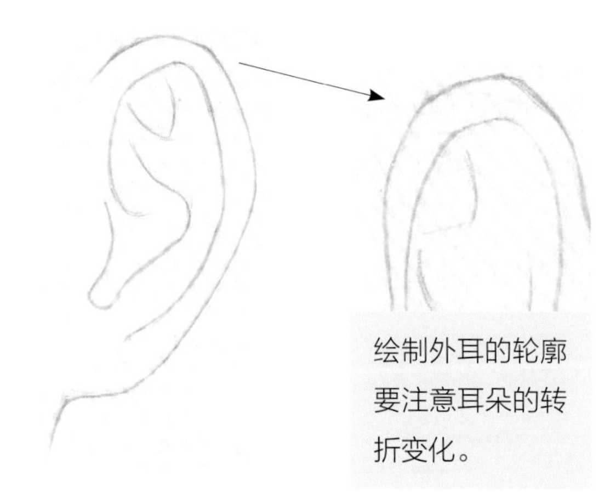

绘制外耳的轮廓要注意耳朵的转折变化。

步骤一 ▶ 用线切割的方法概括出耳朵的形状。

步骤二 ▶ 继续切割耳朵的轮廓特点，注意耳朵轮廓的变化。

步骤三 ▶ 画出内耳的轮廓线条，注意弧度的处理。

步骤四 ▶ 擦除多余的辅助线，仔细刻画耳朵的轮廓。

多种耳朵范例

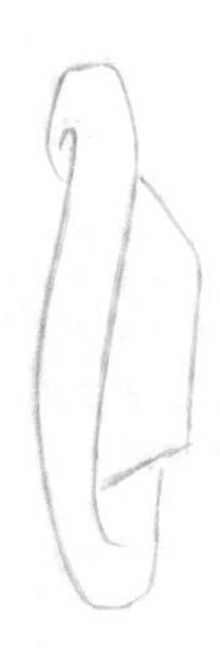

2.3.6 嘴巴

正面的嘴巴可以看成是以唇凸点为中心左右对称的菱形，上嘴唇内凹较薄，下嘴唇外凸较厚，在绘制嘴巴的形状时，用笔要注意轻重，要着重强调唇角和唇中线。

绘画工具

1. 施德楼自动铅笔。
2. 施德楼橡皮。

绘制要点

1. 嘴巴的对称处理。
2. 上嘴唇的表现。

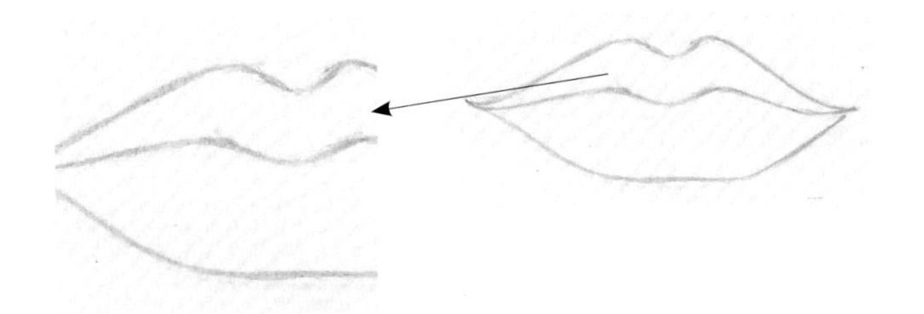

注意上嘴唇唇线的饱满表现。

步骤一 ▶ 绘制一条十字中心线，再确定出嘴巴的长度和高度。

步骤二 ▶ 用直线概括嘴巴的外轮廓形状，在唇中缝确定唇凸的位置。

步骤三 ▶ 用弧线弧顺连接嘴巴的整体轮廓线条，适当强调嘴角。

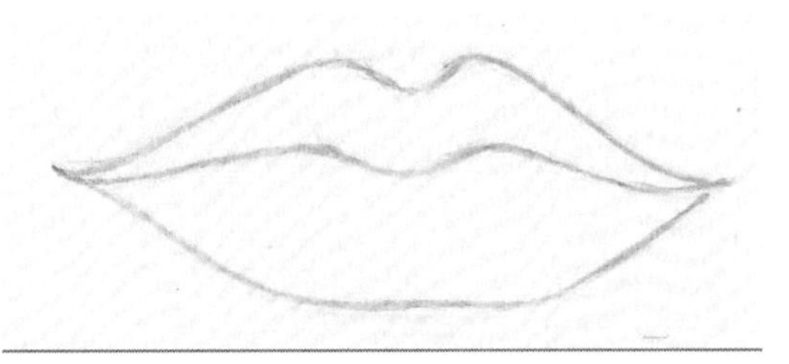

步骤四 ▶ 擦除多余的辅助线，再仔细刻画嘴巴的轮廓特点。

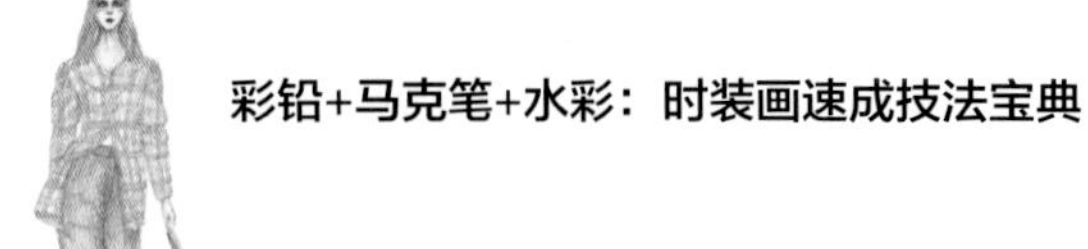

多种嘴巴范例

2.3.7 手臂

手臂的特点在于与肩部连接，而肩部又与脖子连接。在绘制过程中，要画出脖子到肩头的弧顺线条。绘制手臂时可以将肩头看成一个球体，上臂为一个均匀的圆柱形，前臂呈现出上圆下尖的不规则长方形。

绘画工具

1. 施德楼自动铅笔。
2. 施德楼橡皮。

绘制要点

1. 肩头与肩膀的连接表现。
2. 手肘位置轮廓线条的表现。

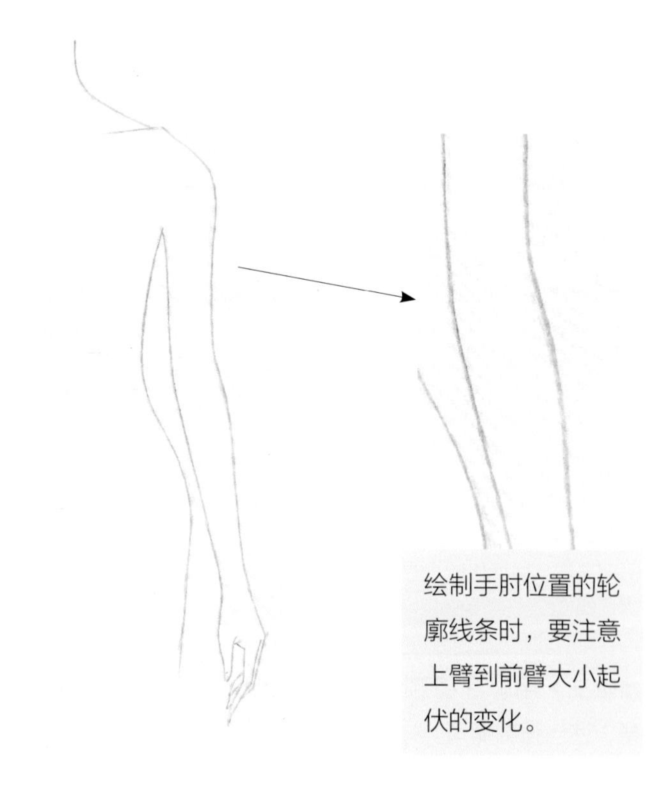

步骤一 ▶ 先画出胸腔、盆腔和肩部的体块，再画出手臂的体块线条。

步骤二 ▶ 用弧顺的线条连接肩头、手肘位置的轮廓线条。

步骤三 ▶ 擦除多余的辅助线，再仔细刻画手臂的轮廓线条。

多种手臂范例

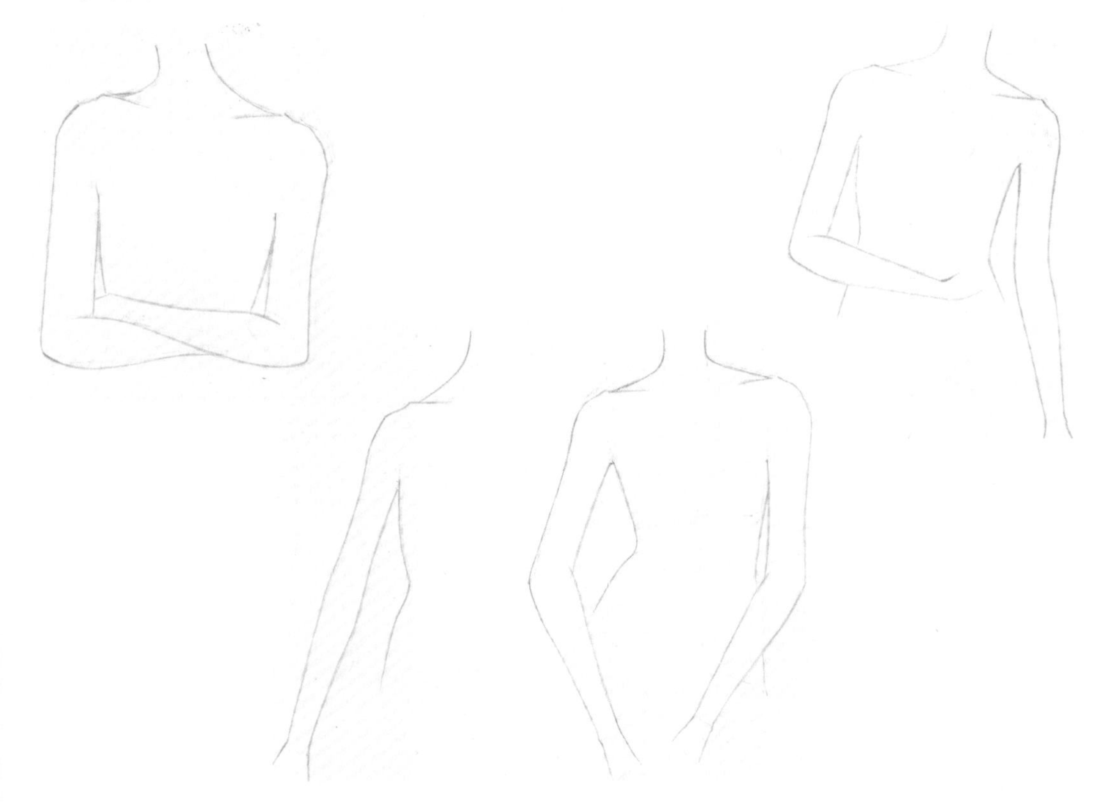

2.3.8 手

手部的动态比较灵活，在时装画中手部除了是处于独立状态之外，还经常会有以手拿包等搭配配饰的动态特点。在绘制手部时，可以将手部看成三个部分，即多边形的手掌、有独立范围的大拇指和归纳成组的四指。

绘画工具

1. 施德楼自动铅笔。
2. 施德楼橡皮。

绘制要点

1. 手臂与大拇指连接的轮廓表现。
2. 手指的细节处理。

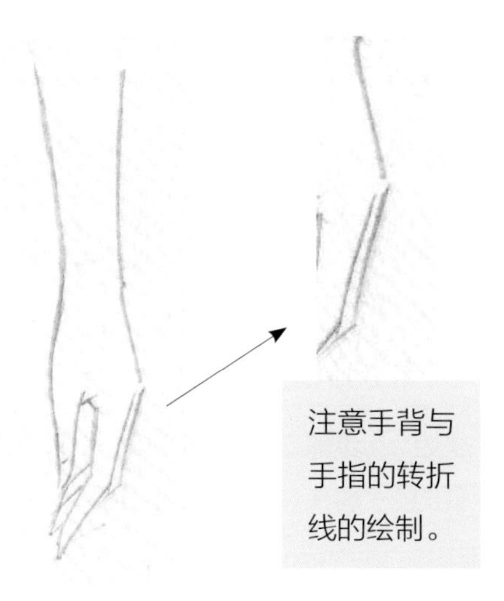

步骤一 ▶ 概括画出手部的几个部分，注意手指的转折。

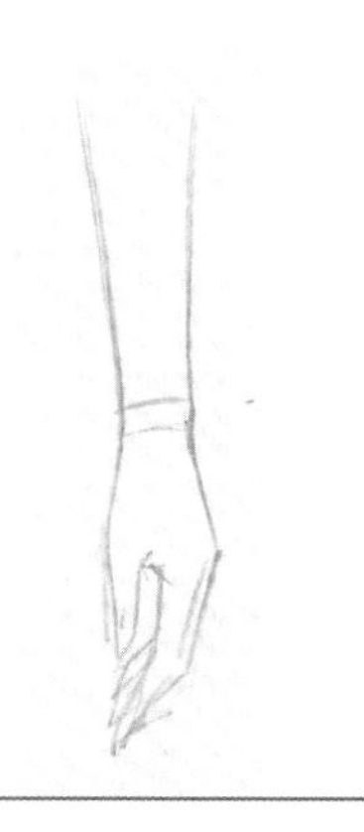

步骤二 ▶ 用弧顺的线条连接手臂与手部的轮廓线条，再刻画手指的线条。

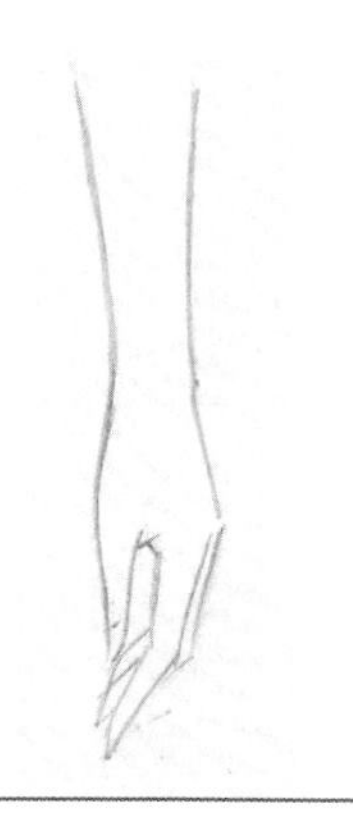

步骤三 ▶ 擦除多余的杂线，再仔细刻画手部的轮廓线条。

多种手部范例

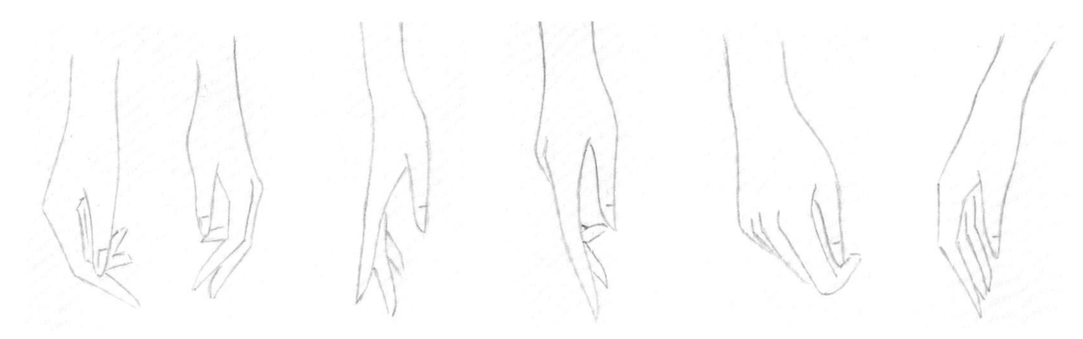

2.3.9 腿部

腿部的结构与手臂的结构相似，但是因为腿部是支撑人体重量的部位，在绘制腿部轮廓线条时要表现出腿部的力量感。在绘制腿部的轮廓时，可以将腿部分为三个部分：盆腔，大腿，小腿。

绘画工具

1. 施德楼自动铅笔。
2. 施德楼橡皮。

绘制要点

1. 腿部走动的轮廓变化。
2. 两腿之间的前后空间关系。

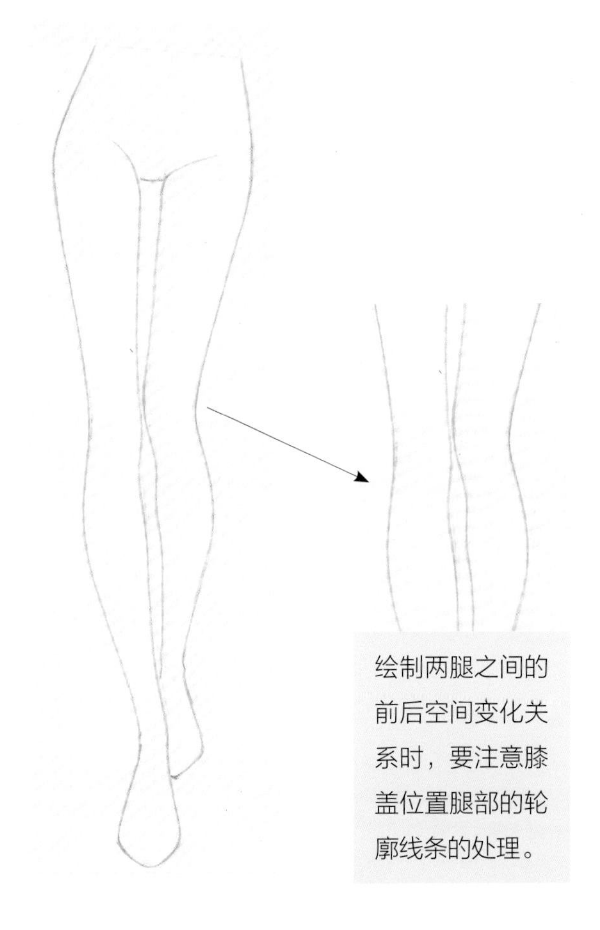

绘制两腿之间的前后空间变化关系时，要注意膝盖位置腿部的轮廓线条的处理。

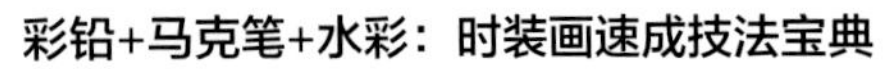

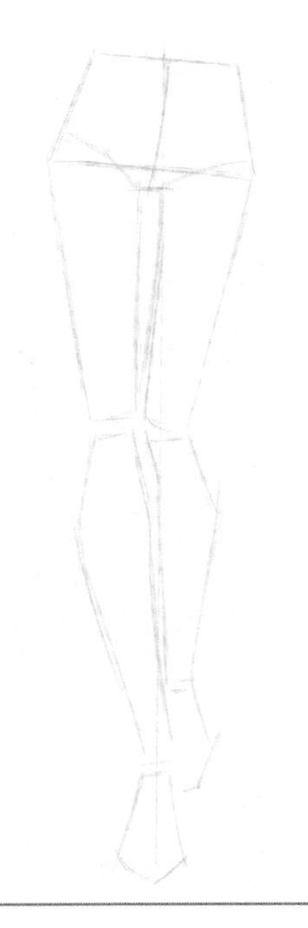

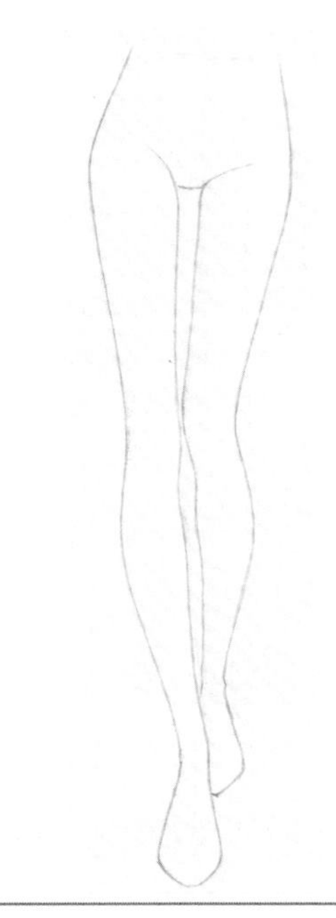

步骤一 ▶ 先概括地画出腿部的外轮廓形状，注意腿部走动的变化。

步骤二 ▶ 再用弧顺的线条连接大腿、膝盖和小腿的外轮廓线条。

步骤三 ▶ 擦除多余的辅助线，再仔细刻画出腿部的外轮廓线条，注意两脚的前后变化。

多种腿部范例

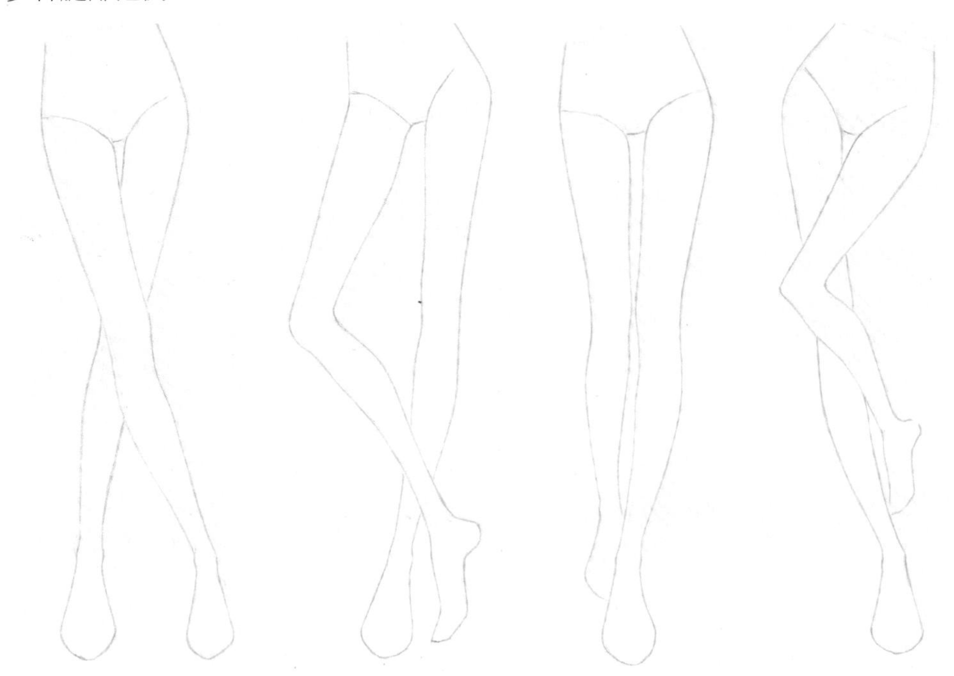

2.3.10 足部

足部要支撑整个身体的重量，因此脚掌比较厚实，足部的动态变化不如手部的动态变化那么灵活，因此在绘制时要注意脚踝与脚背以及脚趾的转折关系。

绘画工具

1. 施德楼自动铅笔。
2. 施德楼橡皮。

绘制要点

1. 足部外轮廓的转折处理。
2. 脚趾的线条绘制。

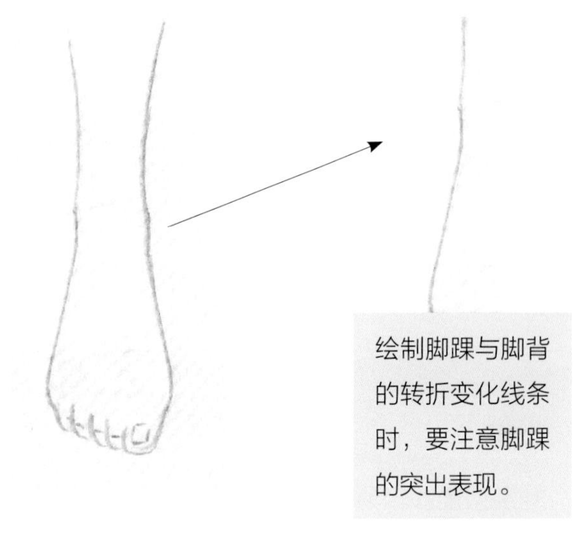

绘制脚踝与脚背的转折变化线条时，要注意脚踝的突出表现。

步骤一 ▶ 先概括画出足部的三个局部体块。

步骤二 ▶ 连接脚踝、脚背与脚趾的外轮廓线条。

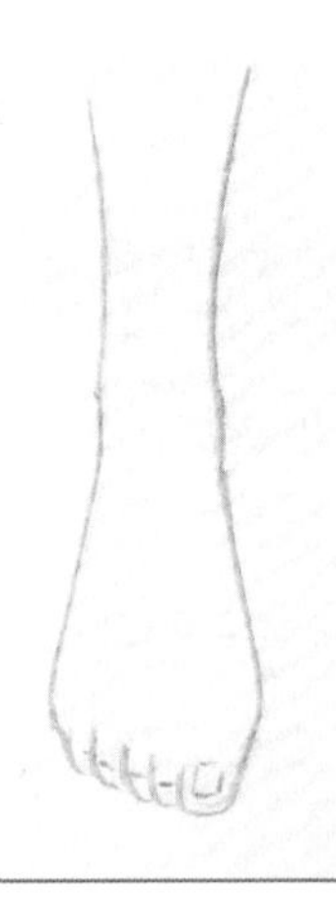

步骤三 ▶ 擦除多余的辅助线，再仔细刻画足部的轮廓线条以及脚趾的形状。

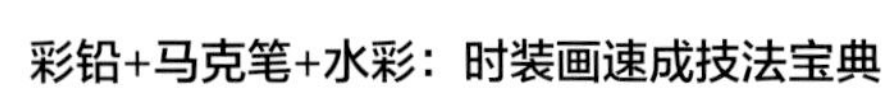

多种足部范例

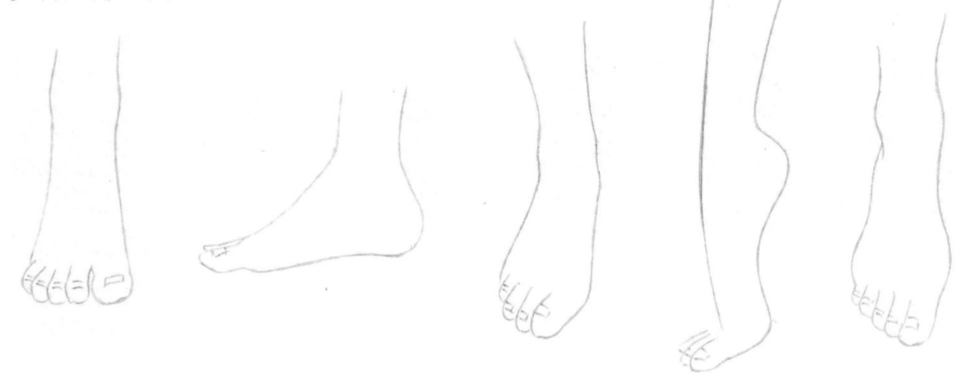

2.4 发型

发型能够轻易改变人物气质，表现出人物个性，不同的服装款式应搭配不同的发型。在时装画中，发型也是不可分割的一部分，能够对人物和服装的整体效果起到衬托作用，也能够丰富画面的视觉效果。

2.4.1 超短发

案例表现的是一款超短发。超短发因为发丝比较短，所以头发丝基本都依附在头部上面，整体外部造型呈现明显的圆球体外形。绘制超短发的线条时，主要应表现出刘海以及紧贴耳朵位置的头发丝特点。

绘画工具

1. 施德楼自动铅笔。
2. 施德楼橡皮。

绘制要点

1. 头顶头发丝的处理。
2. 整体发型的造型表现。

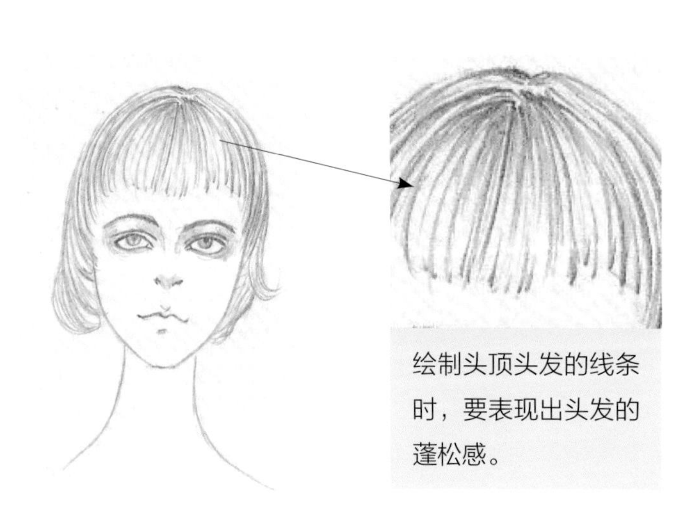

绘制头顶头发的线条时，要表现出头发的蓬松感。

步骤一 ▶ 先画出头部的轮廓线条，再画出面部五官的轮廓，再找出发际线的位置，画出整体头发的造型。

步骤二 ▶ 擦除多余的辅助线，刻画出面部五官的细节，再仔细画出头发丝的走向。

步骤三 ▶ 加深头发密度，用虚实变化的线条画出整体头发丝的线条，再画出面部五官的暗面。

2.4.2 齐肩短发

案例表现的是一款齐肩短发。短发的长度刚好在肩部或者肩部以上部分，这款短发采用斜分边刘海的短直发造型。在绘制短发的线条时，要先区分头发的各个位置走向以及耳朵位置头发的处理，丰富头发的层次。

绘画工具

1. 施德楼自动铅笔。
2. 施德楼橡皮。

绘制要点

1. 前额刘海的表现。
2. 发尾线条的处理。

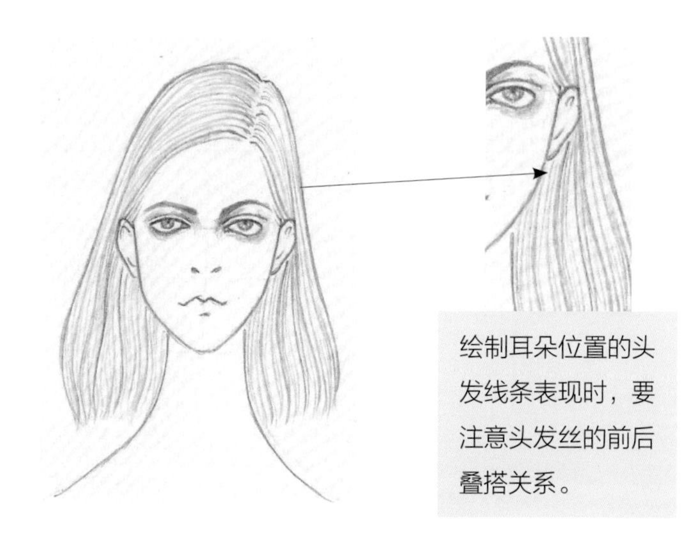

绘制耳朵位置的头发线条表现时，要注意头发丝的前后叠搭关系。

步骤一 ▶ 先画出头部的轮廓，确定出面部五官的位置，概括出头发的轮廓。

步骤二 ▶ 画出面部五官的轮廓，再画出头发丝的各个部分，注意头顶头发的蓬松感。

步骤三 ▶ 擦除多余的杂线，仔细刻画面部轮廓和面部五官鲜亮，再画出头发的轮廓线条。

步骤四 ▶ 刻画整体头发丝的线条，注意虚实面部，再画出面部五官的暗部。

2.4.3 卷发

案例表现的是一款卷发。卷发会因为发丝的卷曲而产生较强的空间感以及蓬松效果，发型的外观也有很大变化。卷发的发丝不仅形态多变，发丝之间的穿插叠压关系也非常复杂。在绘制卷发时，要先把握整体关系，再去刻画局部的细节。

绘画工具

1. 施德楼自动铅笔。
2. 施德楼橡皮。

绘制要点

1. 卷发的线条表现。
2. 前额头发的处理。

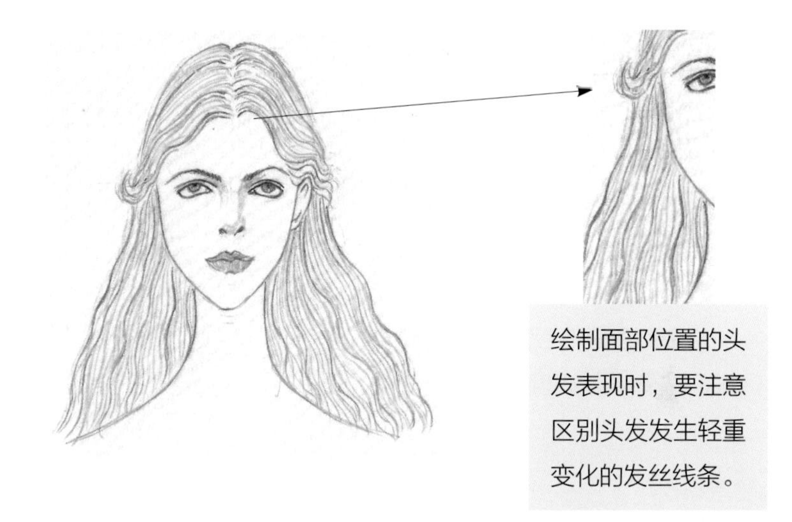

绘制面部位置的头发表现时，要注意区别头发发生轻重变化的发丝线条。

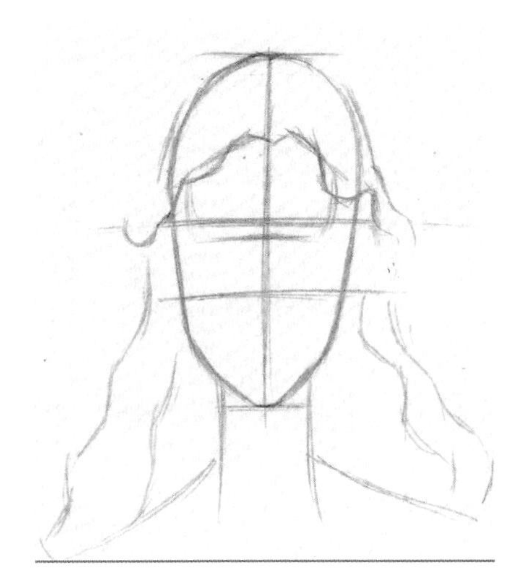

步骤一 ▶ 先画一条中心线，画出头部的轮廓，找出面部五官的位置，再画出前额头发以及肩部头发的特点。

步骤二 ▶ 先画出面部五官的轮廓，再画出头顶到耳朵位置的头发轮廓线条，最后再画出肩部线条。

步骤三 ▶ 先擦除多余的辅助线，再仔细刻画面部五官的轮廓线条，再画出整体的头发轮廓线条。

步骤四 ▶ 继续加深头发的线条，注意绘制卷发的线条时要根据发丝的走向绘制，再画出面部的暗面。

2.4.4 盘发

案例表现的是一款盘发。盘发就是将头发盘成发髻，根据服装的不同，会搭配不同的盘发，与披散的卷发相比，盘发的体积感更加明显，蓬松感也更强。在绘制盘发时，要注意前额与耳朵位置头发丝的表现，注意头发丝之间的叠压。

绘画工具

1. 施德楼自动铅笔。
2. 施德楼橡皮。

绘制要点

1. 注意表现头发的蓬松感。
2. 耳朵位置头发的处理。

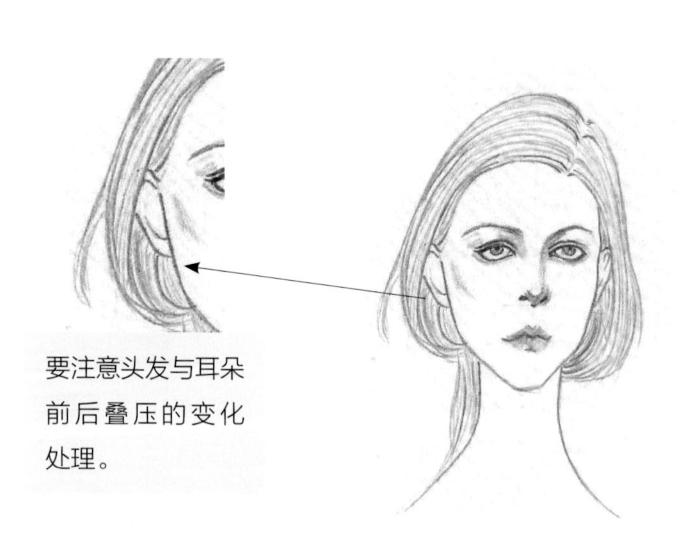

要注意头发与耳朵前后叠压的变化处理。

步骤一 ▶ 先画出一条鼻子到嘴巴的中心线，再确定出五官的位置，画出面部轮廓，概括出头发的轮廓。

步骤二 ▶ 根据上一步确定的五官位置，画出五官的轮廓；再画出头发的整体轮廓线条，注意盘发的蓬松感。

步骤三 ▶ 先擦除多余的辅助线，再仔细刻画面部五官；画出面部五官的暗部阴影，再画出整体头发虚实变化的线条表现。

2.4.5 多款发型范例

第3章
时装款式

时装款式是指根据不同季节以及不同策划主题而设计出来的符合当季潮流的服装样式。根据不同的局部造型、服装褶皱造型可设计出多种多样的服装款式。在时装画中，最主要的就是表现出服装款式的特点以及其特殊的面料质感。

3.1 服装的廓形

服装的廓形是指服装外部造型的剪影。廓形是服装造型的基本特点，服装的外轮廓是指服装的外形、外轮廓线、廓形等含义。在服装设计过程中，最先表达的就是服装的外轮廓特点，服装的轮廓根据字母分为A形、V形、H形、O形、Y形、T形、X形和S形等八种服装廓形。

A形：A形服装从上到下像梯形一样逐渐展开，给人可爱、活泼、浪漫的感觉。上衣和大衣以不收腰、宽下摆，或者收腰、宽下摆为基本特征。上衣一般肩部较窄或者裸肩，衣摆宽松肥大，裙子和裤子均以收腰阔摆为特征。

V形：V形服装一般肩部较宽，下面逐渐变窄；整体服装外形夸张，有力度，带有张力；V形与Y形服装比较类似。

H形：H形服装也称为长方形廓形。主要强调肩部造型，自上而下不收紧腰部，筒形下摆，使人有修长、简约的感觉，具有严谨、庄重的男性化风格特征；上衣和大衣以不收腰、窄下摆为基本特征，衣身呈直筒状特征。

O形：O形服装为上下口线收紧的造型设计。整体服装造型较为丰满，呈现出圆润的外观特点，可以掩饰人体腰部的缺陷，充满幽默而时髦的气息。

Y形：Y形服装通常为上宽下窄的造型设计；通过夸张肩部造型、收紧下摆，着重突出上半身设计，服装的造型特点为上大下小。

T形：T形服装以夸张肩部、收缩下摆为主要特征；不管是上衣、连衣裙和外套之类的服装款式，都是通过夸张肩部的造型设计来表现T形服装的主要特点。

X形：X形服装采用较宽的肩部、收紧的腰部、自然放开的下摆为主要的造型设计。X廓形为最能体现女性优雅气质的造型，具有柔和、优美的女性风格。X形上衣和大衣以宽肩、阔摆、收腰为基本特征，裙子和裤子以上下肥大、中间收紧为其他特征。

S形：S形服装胸、臀围度适中且腰部收紧。相对于X形服装而言，S形服装女性风格更加浓厚，它可通过结构设计、面料特性等手段以达到体现女性S形曲线美的目的，也更加突出了女性特有的浪漫、柔和、典雅的魅力。

3.2 服装局部款式

服装的整体造型设计是通过多种不同局部款式来表现出不同的服装特点。服装的局部款式是服装设计中的重点。通过对局部款式而进行不一样的创新变化，可以设计出多种多样的服装风格；也可以通过单独强调某一个局部服装设计，使其成为整件服装设计的重点。

3.2.1 领子

领子的设计要注意领子和脖子以及肩部之间的关系。领子的设计应根据不同的领子造型特点，符合肩颈部位的松量。案例所表现的两款是西装领和一字领，通过不同变化以及领子的松量来进行设计。

3.2.1.1 西装领

案例表现的是一款西装领。西装领的特点是具有衣领外翻搭在肩部的造型特点。在绘制西装领的时候，要刻画出西装领的厚度以及衣领穿插于脖子之间的空间松量。

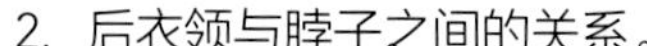

绘画工具

1. 施德楼自动铅笔。
2. 吴竹黑色毛笔。
3. 千彩乐马克笔。
4. 白色高光笔。

绘画颜色

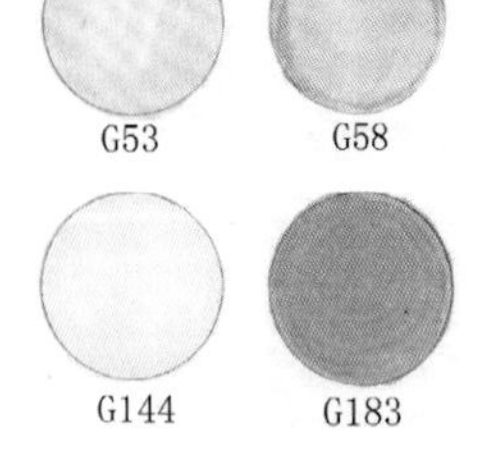

绘制要点

1. 衣领上色的明暗颜色表现。
2. 后衣领与脖子之间的关系。

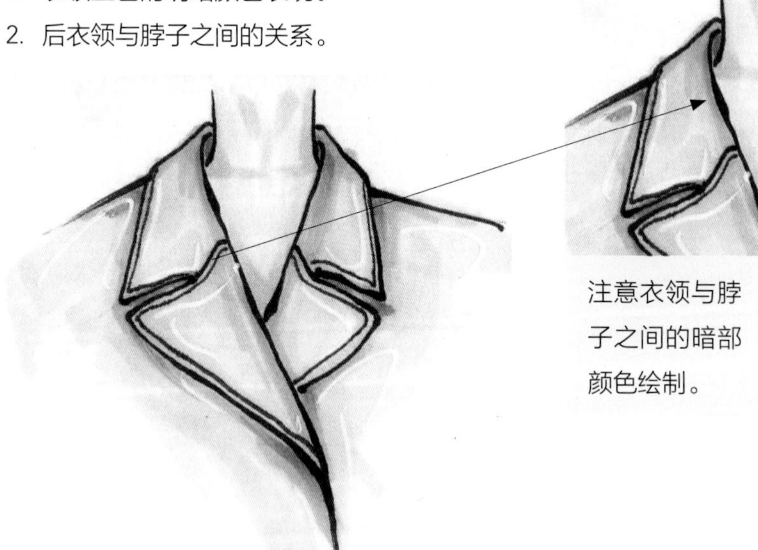

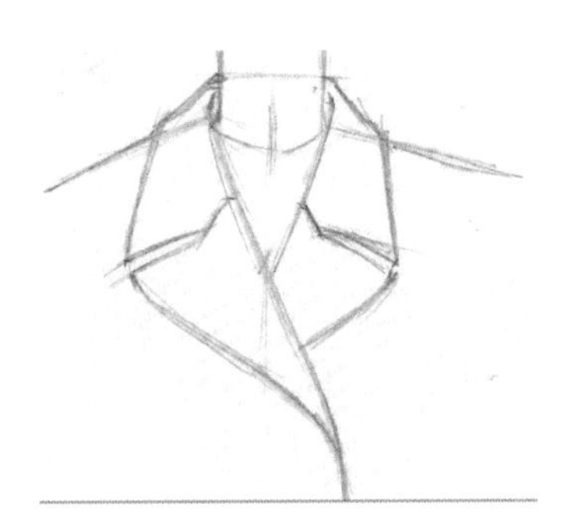

步骤一 ▶ 用铅笔画出西装领的轮廓线条，注意后衣领与脖子之间的穿插关系。

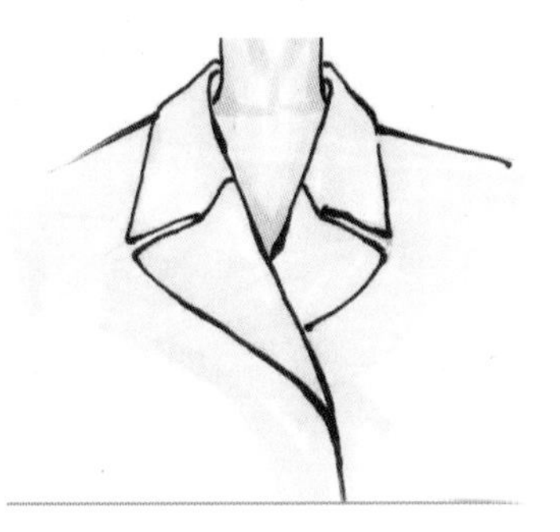

步骤二 ▶ 再用吴竹黑色毛笔勾勒出西装领的轮廓线条，用G53号色和G58号色马克笔画出脖子的颜色，用G144号色马克笔画出衣领的底色。

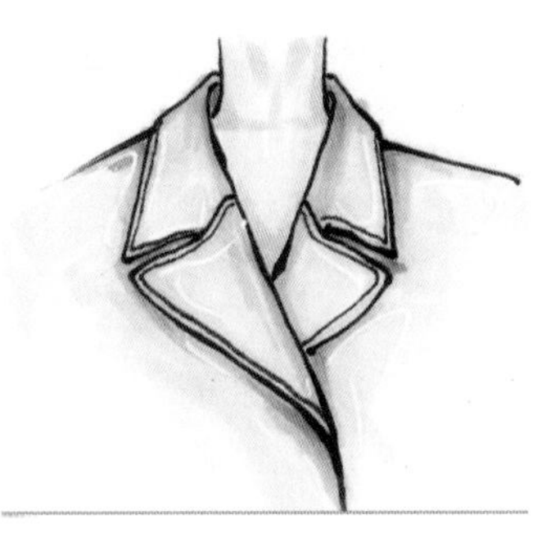

步骤三 ▶ 用G183号色马克笔加深衣领的暗部颜色，再用吴竹黑色毛笔画出衣领的厚度。

3.2.1.2 一字领

案例表现的是一款一字领。一字领的特点在于衣领与肩部之间的松紧变化，案例中的一字领采用的是面料穿插重叠的设计。

绘画工具

1. 施德楼自动铅笔。
2. 吴竹黑色毛笔。
3. 千彩乐马克笔。
4. 白色高光笔。

绘画颜色

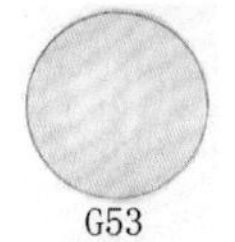

G53 G58 NG4 NG5

绘制要点

1. 一字领的颜色表现。
2. 衣领与手臂之间的绘制。

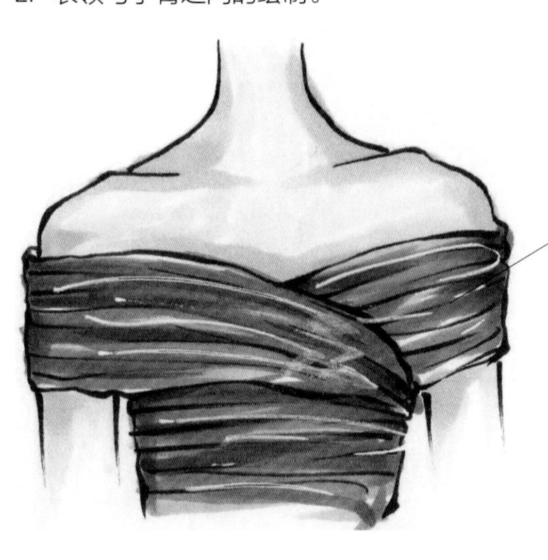

绘制手臂与腰部之间的褶皱线条时，注意线条的虚实变化。

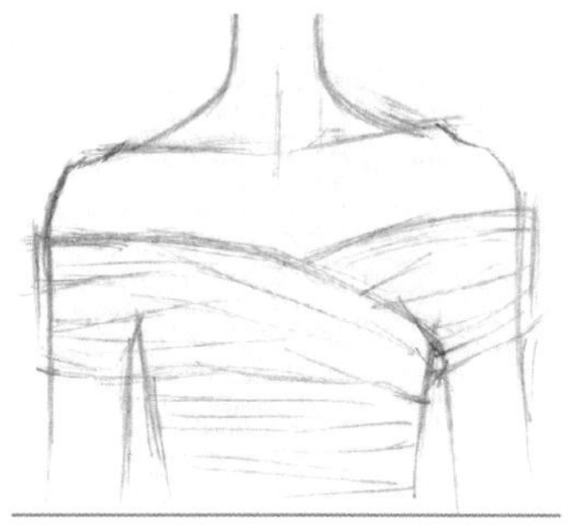

步骤一 ▶ 以铅笔画出肩膀、手臂以及腰身的线条，再刻画出一字领的轮廓变化。

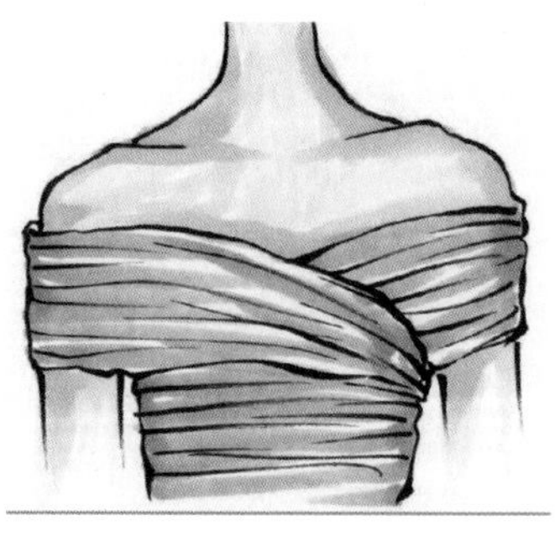

步骤二 ▶ 先用G53号色和G58号色马克笔画出皮肤的颜色，再用NG4号色马克笔平铺衣领的颜色。

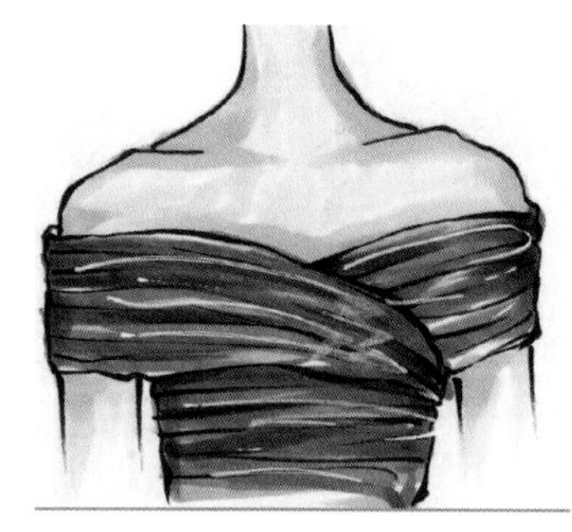

步骤三 ▶ 再用NG5号色和NG8号色马克笔继续加深衣领的暗部颜色，再画出衣领的高光颜色。

3.2.2 衣袖

衣袖是所有服装局部款式中最有分量感的设计。袖子的造型在很大程度上决定了服装的轮廓造型特点。不同的袖子会搭配不同的服装款式，案例表现的是灯笼短袖和泡泡长袖两款袖子的特点。

3.2.2.1 灯笼短袖

案例表现的是一款灯笼短袖。这款袖子的外形像灯笼，衣袖与肩部连接的位置通过花边设计来丰富袖子所具备的特点。这款短袖适合搭配连衣裙以及衬衫。

绘画工具

1. 施德楼自动铅笔。
2. 吴竹黑色毛笔。
3. 千彩乐马克笔。
4. 白色高光笔。

绘制要点

1. 衣袖的轮廓线条表现。
2. 衣袖与手臂之间的关系。

绘画颜色

G72

G53

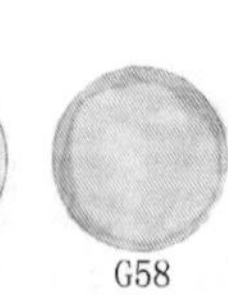

G58

G77

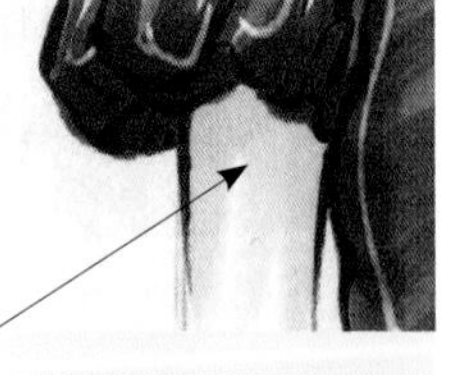

注意衣袖下部分的穿插变化。

步骤一 ▶ 用铅笔画出肩部与衣袖的轮廓线条，再刻画出衣袖内部的褶皱线。

步骤二 ▶ 先用G72号色马克笔平铺出衣袖的底色，再用G53号色马克笔和G58号色马克笔画出手臂的颜色。

步骤三 ▶ 再用G77号色马克笔加深衣袖褶皱线的暗部颜色，再用白色高光笔画出高光的颜色。

3.2.2.2 泡泡长袖

案例表现的是一款泡泡长袖。在肩部与袖子连接的位置进行泡泡设计，这款袖子外形从上到下为收紧设计。袖子适合搭配外套以及连衣裙设计。

绘画工具

1. 施德楼自动铅笔。
2. 吴竹黑色毛笔。
3. 千彩乐马克笔。
4. 白色高光笔。

绘画颜色

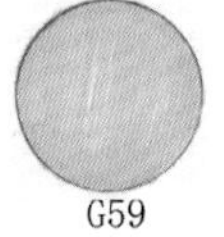

G59

G153

绘制要点

1. 袖子内部褶皱线的表现。
2. 袖子的颜色刻画。

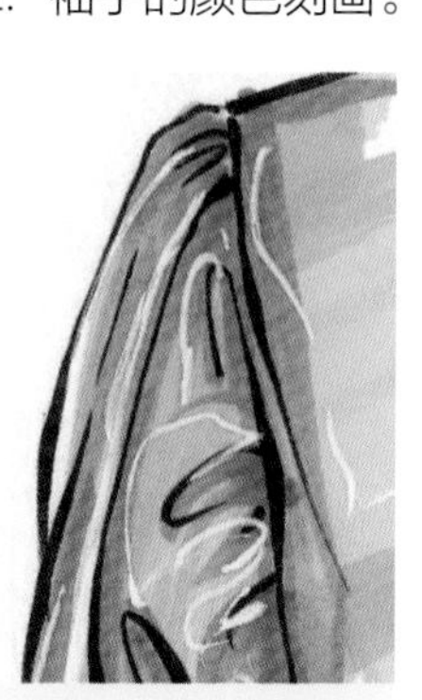

要先画出袖子内部褶皱线条的变化，再画出明暗颜色变化。

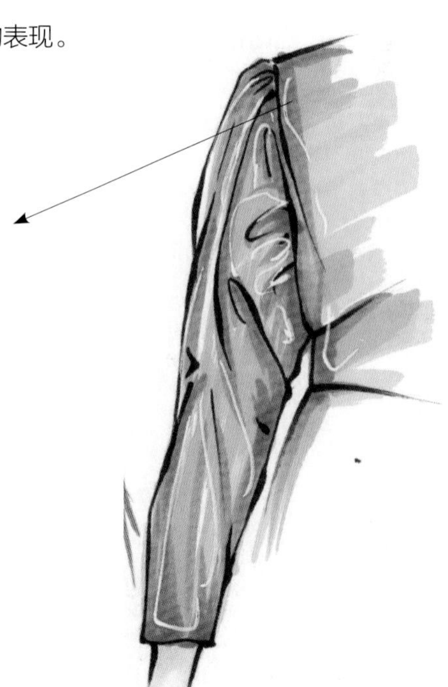

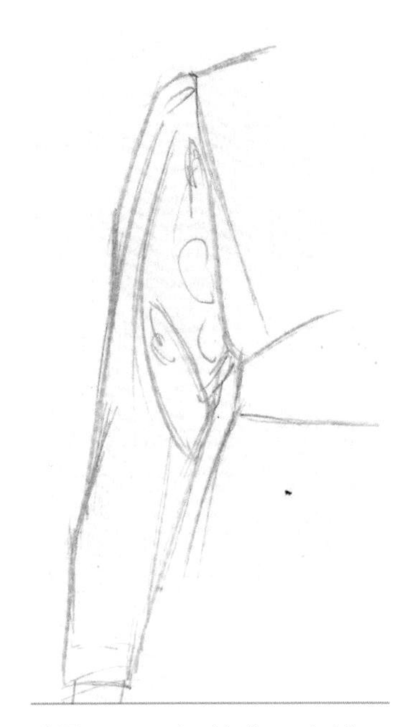

步骤一 ▶ 用铅笔先画出袖子的轮廓线条表现，再刻画出袖子内部变化的褶皱线条。

步骤二 ▶ 先用吴竹黑色毛笔画出袖子的轮廓线条，再用G59号色马克笔画出袖子的固有色。

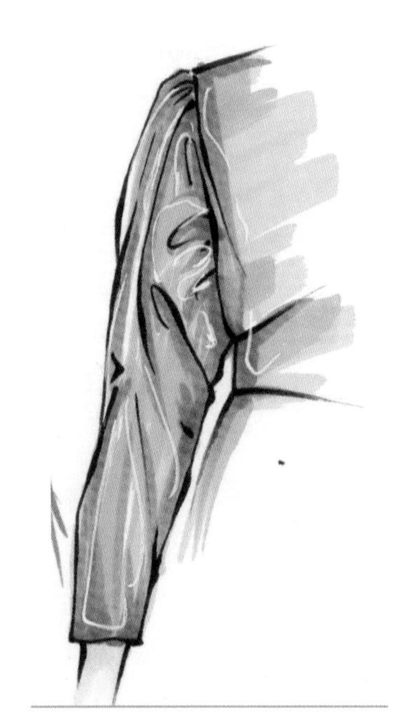

步骤三 ▶ 继续加深袖子的颜色，用G153号色马克笔画出袖子的暗部颜色表现，再画出袖子的高光。

3.2.3 门襟

门襟在服装的造型设计方面主要是通过扣子、拉链以及花边的装饰以丰富服装款式的细节。门襟根据不同的工艺方式，可以分为明门襟和暗门襟。根据纽扣的排列方式，门襟可以分为单排门襟和双排门襟。案例所表现的是压褶门襟和细褶纽扣门襟。

3.2.3.1 压褶门襟

案例表现的是一款压褶、两边对齐的花边门襟，搭配双层花边高领设计，使领子位置与门襟位置的设计连接，形成一个整体部位。

绘画工具

1. 施德楼自动铅笔。
2. 吴竹黑色毛笔。
3. 千彩乐马克笔。
4. 白色高光笔。

绘画颜色

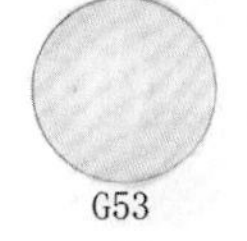

绘制要点

1. 花边的轮廓线条绘制。
2. 门襟的颜色表现。

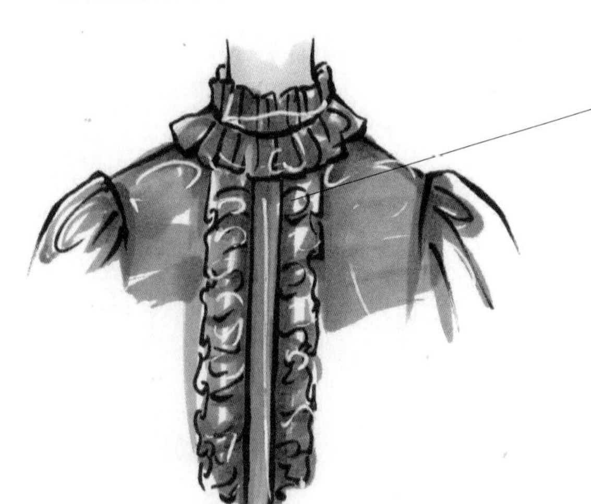

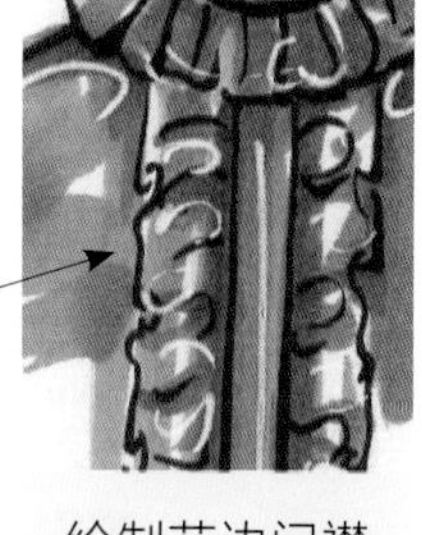

绘制花边门襟颜色时，要先仔细刻画出轮廓线条的转折变化。

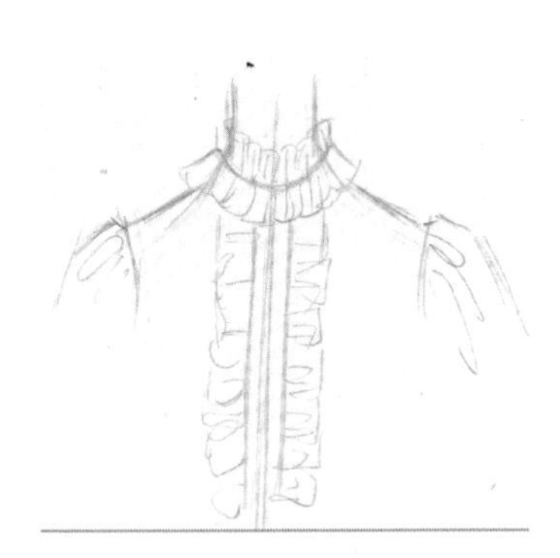

步骤一 ▶ 用铅笔画出衣领、肩部以及门襟的轮廓线条，再仔细刻画门襟画出的线条。

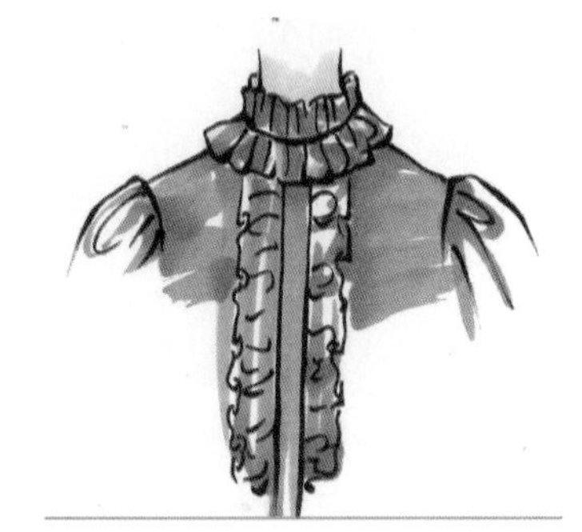

步骤二 ▶ 用G53号色马克笔加深脖子的颜色，再用G9号色马克笔根据转折的变化画出门襟的底色。

步骤三 ▶ 用G16号色马克笔加深门襟位置的暗部颜色表现，再用白色高光笔画出高光的颜色。

3.2.3.2 细褶纽扣门襟

案例表现的是一款细褶纽扣门襟，采用分割的造型设计，搭配小花边、细褶以及纽扣设计，在刻画细褶的线条时应注意线条的虚实变化。

绘画工具

1. 施德楼自动铅笔。
2. 吴竹黑色毛笔。
3. 千彩乐马克笔。
4. 白色高光笔。

绘画颜色

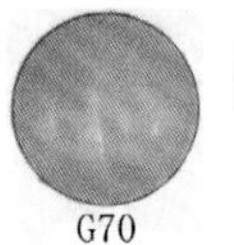

绘制要点

1. 门襟的颜色表现。
2. 细褶的线条绘制。

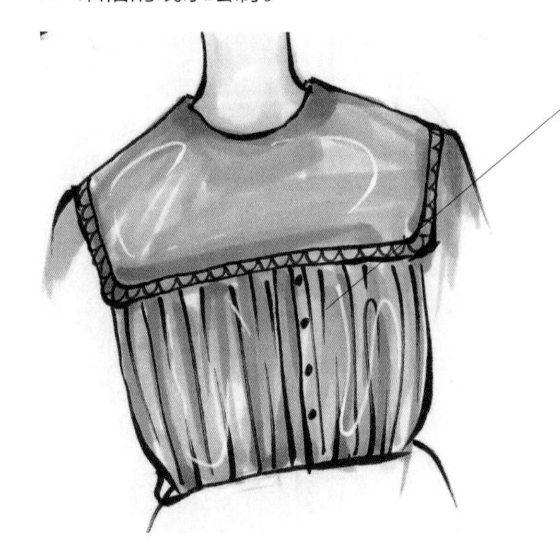

注意纽扣位置的线条以及细褶的线条变化。

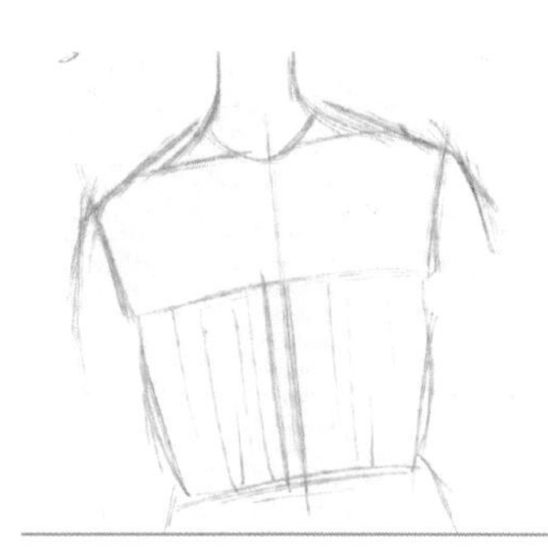

步骤一 ▶ 先用铅笔画出上半身衣服的轮廓，再画出门襟的细节线条。

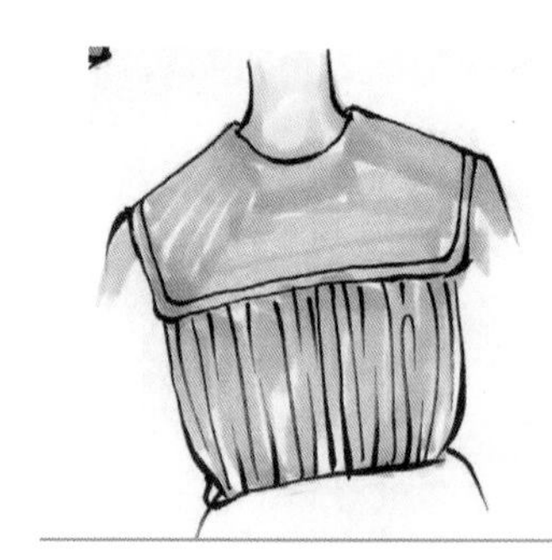

步骤二 ▶ 先用吴竹黑色毛笔勾勒门襟的轮廓，再用G70号色马克笔平铺门襟的底色。

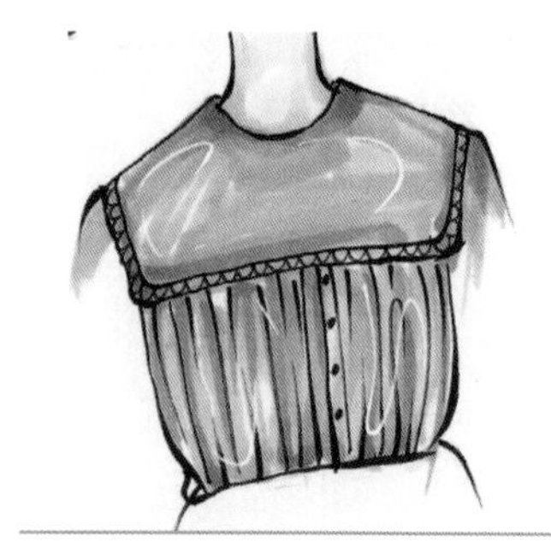

步骤三 ▶ 继续加深门襟的暗面，用G67号色马克笔加深细褶位置的暗面，再画出高光。

3.2.4 口袋

在服装局部造型的设计中，大部分口袋属于功能性部件。一般只有西装上面的手巾袋为装饰口袋，不同的服装搭配不同的口袋，一般外套上面搭配贴袋、翻盖袋以及插袋，案例表现的是插袋和翻盖袋两种。

3.2.4.1 插袋

案例表现的是插袋。插袋的特点在于正面插袋轮廓为侧面，插袋一般搭配大衣、外套等上衣，在绘制插袋颜色表现时，要注意插袋的细节线条绘制。

绘画工具

1. 施德楼自动铅笔。
2. 吴竹黑色毛笔。
3. 千彩乐马克笔。
4. 白色高光笔。

绘画颜色

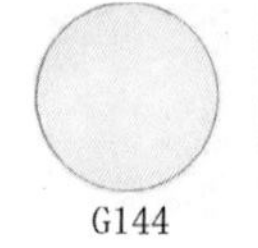
G144

G183

绘制要点

1. 插袋的轮廓线条绘制。
2. 插袋的颜色表现。

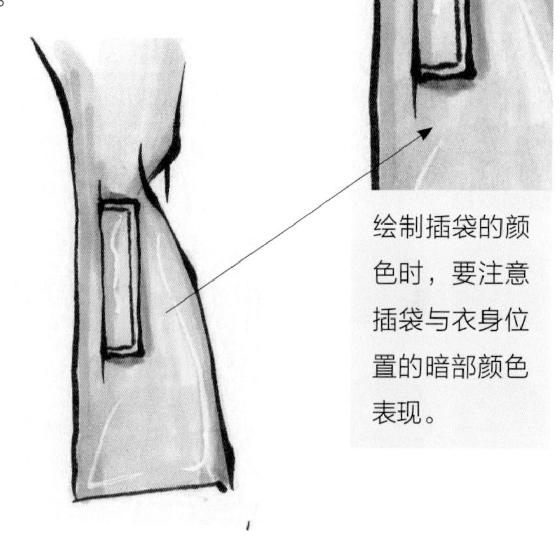

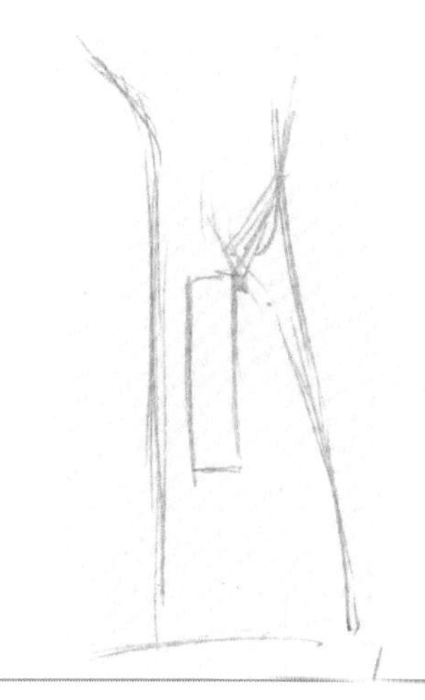

步骤一 ▶ 用铅笔画出衣身的轮廓线条，再画出插袋的轮廓。

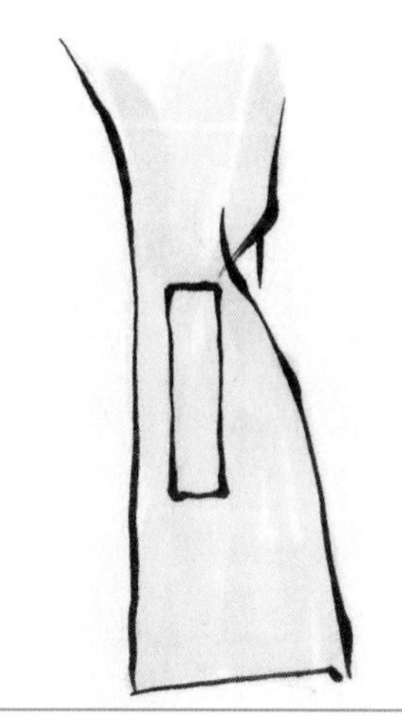

步骤二 ▶ 用吴竹黑色毛笔画出插袋的轮廓线，再用G144号色马克笔平铺插袋的颜色。

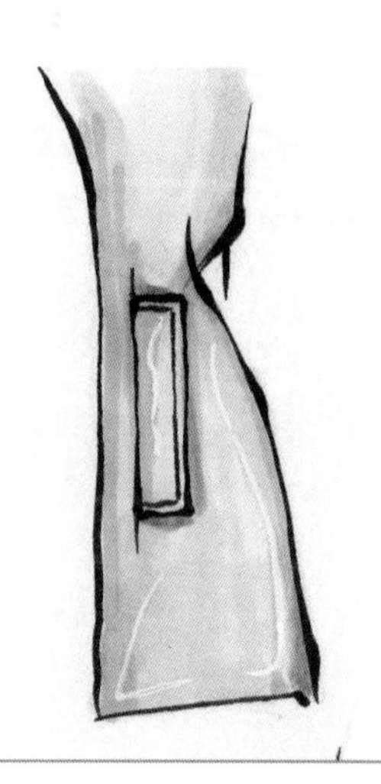

步骤三 ▶ 加深插袋的暗部颜色，用G183号色马克笔加深插袋下部分的暗面颜色。

3.2.4.2 翻盖袋

案例表现的是一款翻盖袋。翻盖袋一般搭配在工装衣服以及夹克外套上面进行设计，这款翻盖袋的内部采用线迹装饰，以丰富层次效果。

绘画工具

1. 施德楼自动铅笔。
2. 吴竹黑色毛笔。
3. 千彩乐马克笔。
4. 白色高光笔。

绘制要点

1. 翻盖袋的颜色绘制。
2. 轮廓线条的表现。

绘画颜色

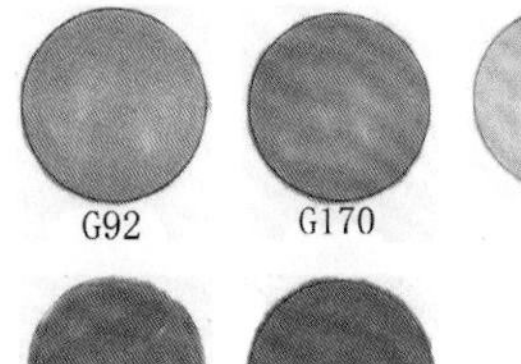

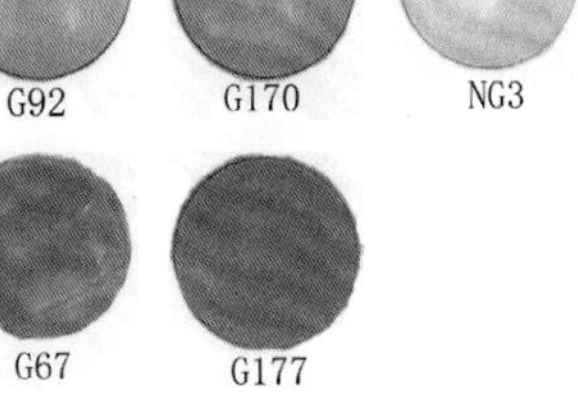

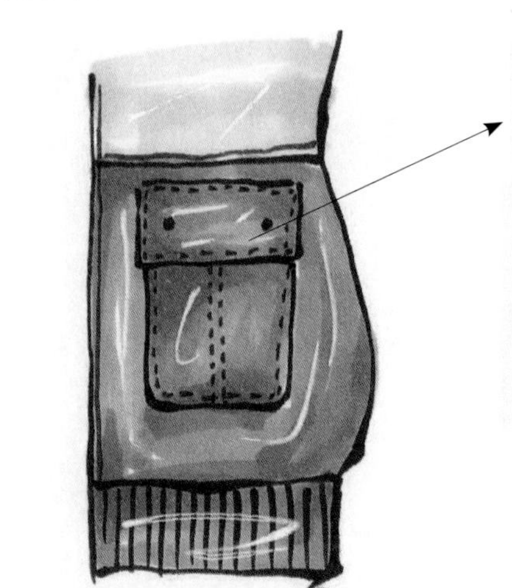

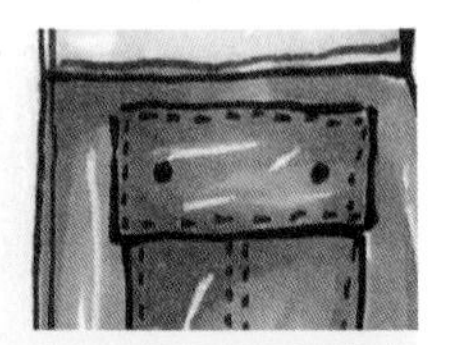

先画出口袋的明暗颜色变化，再刻画内部的线迹表现。

步骤一 ▶ 先用铅笔画出翻盖袋的轮廓线条，注意口袋与衣身的位置。

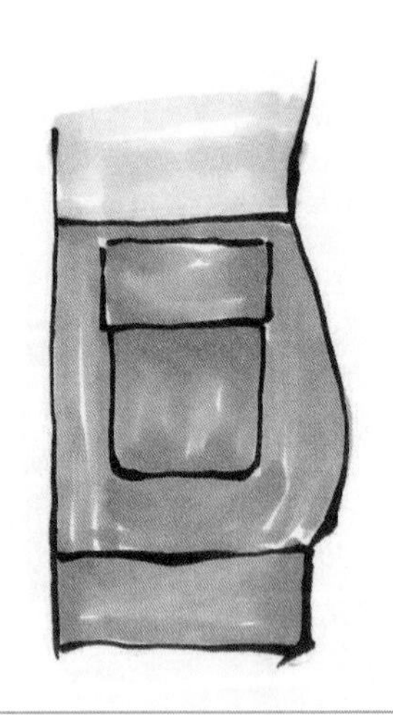

步骤二 ▶ 用G92号色马克笔、G170号色马克笔和NG3号色马克笔画出衣身和口袋的底色。

步骤三 ▶ 再用G67号色马克笔加深衣身的暗面，再用G177号色马克笔加深口袋的暗面，最后画出高光。

3.2.5 多款服装局部款式范例

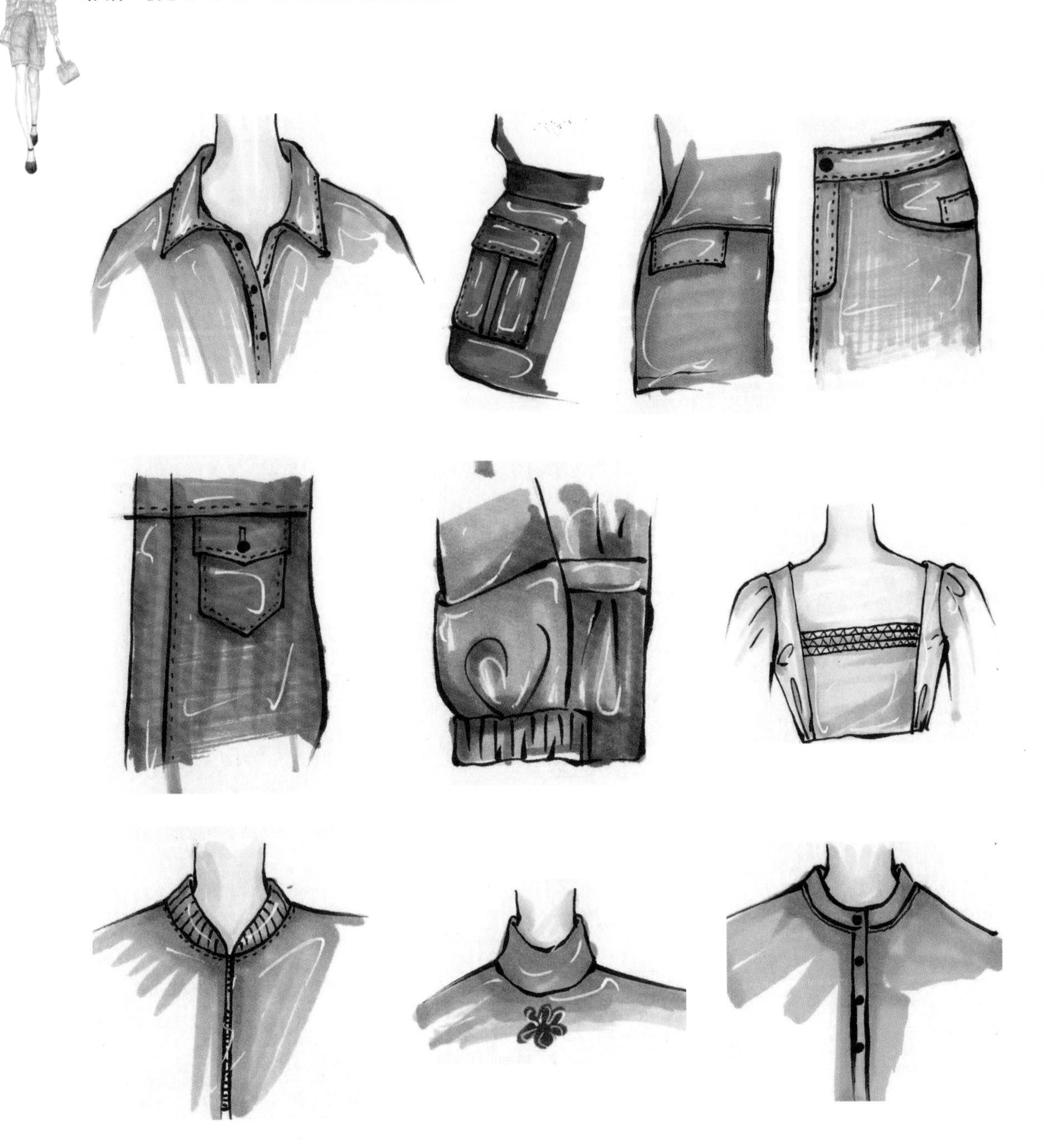

3.3 服装褶皱

服装色褶皱可以分为两类：一类是通过人体动态运动产生的拉伸以及挤压褶进行表示，该类型的褶皱在时装效果图里面一般以适当的线条来表示；另外一种是通过工艺手段而形成的具有装饰效果的工艺褶。在时装画中，最常见的就是压褶、折叠褶、抽褶以及垂褶。

3.3.1 压褶

压褶是通过机器加工对面料进行定型，并非是传统的缝纫加工，因此压褶通常采用较薄的面料，压褶一般运用在连衣裙以及衬衫上面进行设计。案例表现的是一款吊带交叉的压褶，在颜色绘制方面要注意亮面的留白表现。

绘画工具

1. 施德楼自动铅笔。
2. 吴竹黑色毛笔。
3. 千彩乐马克笔。
4. 白色高光笔。

绘画颜色

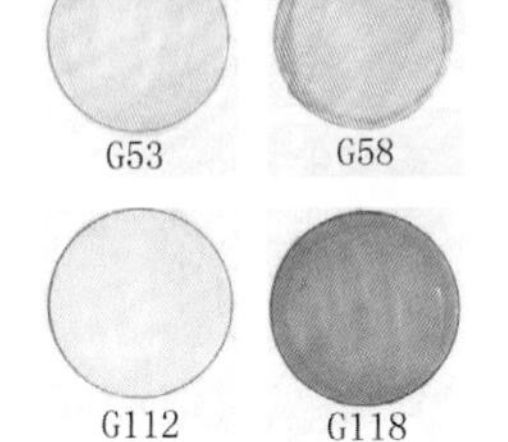

绘制要点

1. 压褶线条的转折变化。
2. 压褶的颜色绘制。

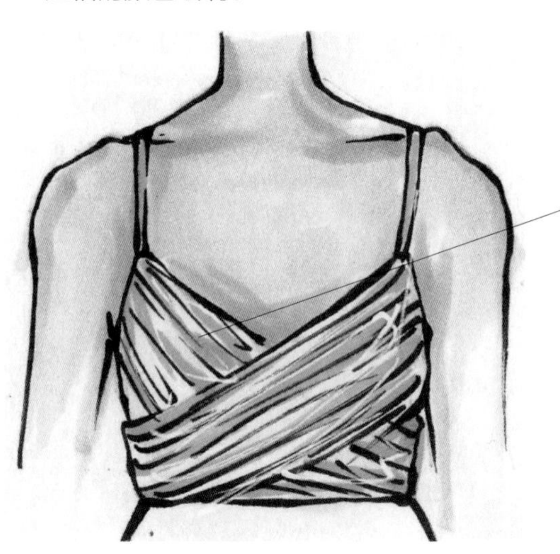

绘制压褶线条时应注意线条的虚实变化处理。

步骤一 ▶ 用铅笔先画出上半身人体的轮廓线条，再画出吊带压褶的线条。

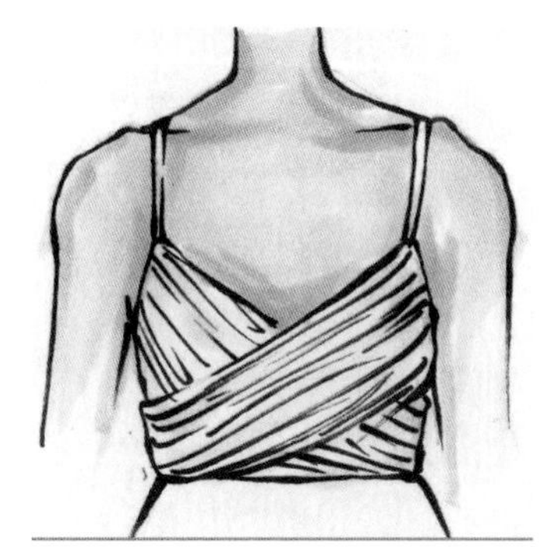

步骤二 ▶ 用G53号色马克笔和G58号色马克笔画出皮肤的明暗颜色，再用G112号色马克笔画出压褶的底色。

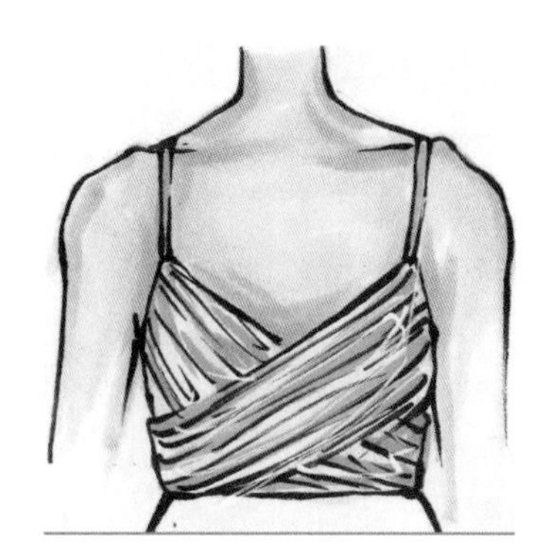

步骤三 ▶ 再用G118号色马克笔加深压褶的暗部颜色表现，再用白色高光笔画出压褶的高光。

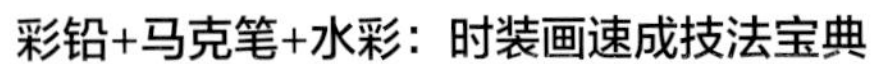

3.3.2 折叠裙

折叠裙是服装中常见的一种褶皱表现，通过折叠、重合的设计来增加面料的厚度以及挺括度，使面料保持特定的外形。案例表现的是一款平行排列的折叠褶皱，在绘制颜色表现时，用笔要表现出褶皱的走向变化。

绘画工具

1. 施德楼自动铅笔。
2. 吴竹黑色毛笔。
3. 千彩乐马克笔。
4. 白色高光笔。

绘画颜色

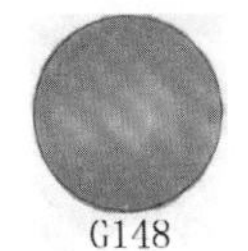

绘制要点

1. 折叠裙的轮廓线条绘制。
2. 折叠裙的明暗颜色表现。

绘制折叠裙的裙摆线条时应注意方向保持一致，刻画线条。

步骤一 ▶ 用铅笔先画出半裙的轮廓，再刻画出半裙内部的褶皱线条。

步骤二 ▶ 用吴竹黑色毛笔画出半裙的线条，再用G148号色马克笔平铺半裙的底色。

步骤三 ▶ 再用MG4号色马克笔加深半裙褶皱的暗部颜色，再用白色高光笔画出高光的颜色。

3.3.3 抽褶

抽褶的特点是从特定的固定线向外呈放射状发射，抽褶的起伏程度和长短是由挤压的宽度决定的。案例表现的是一款从腰部中间向两边放射的抽褶线条，通过不同程度的挤压产生长短不一的褶皱线。

绘画工具

1. 施德楼自动铅笔。
2. 吴竹黑色毛笔。
3. 千彩乐马克笔。
4. 白色高光笔。

绘画颜色

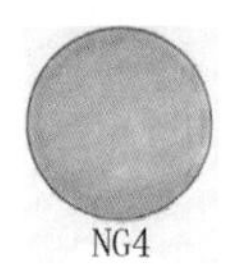

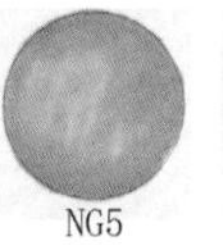

绘制要点

1. 抽褶的轮廓线条绘制。
2. 抽褶的明暗颜色表现。

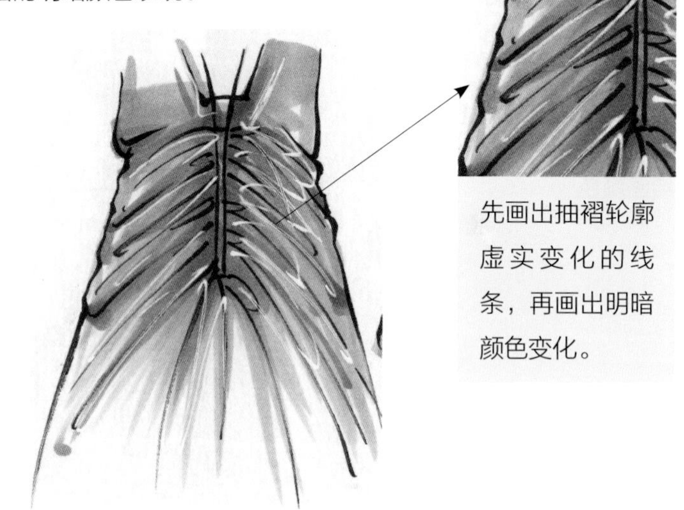

先画出抽褶轮廓虚实变化的线条，再画出明暗颜色变化。

步骤一 ▶ 用铅笔先画出半裙的外轮廓线条，再刻画内部抽褶的细节线条变化。

步骤二 ▶ 用吴竹黑色毛笔画出抽褶的虚实变化线条，再用NG4号色马克笔平铺出抽褶的底色。

步骤三 ▶ 用NG5号色马克笔和NG7号色马克笔加深抽褶的暗部颜色，再画出抽褶的高光。

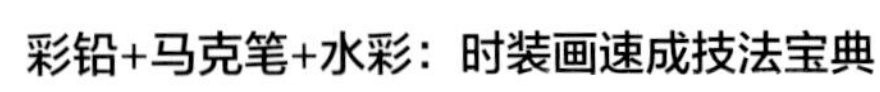

3.3.4 垂褶

垂褶是服装褶皱里面最自然的褶皱，是指悬挂的面料受到重力影响而产生的垂直向下的褶皱。案例表现的是一款分层设计的垂褶半裙，在绘制垂褶线条时，表现出每层长短不一的褶皱线条变化。

绘画工具

1. 施德楼自动铅笔。
2. 吴竹黑色毛笔。
3. 千彩乐马克笔。
4. 白色高光笔。

绘画颜色

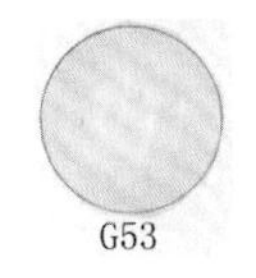

G53

G48

G201

绘制要点

1. 垂褶半裙的轮廓线条绘制。
2. 半裙的明暗颜色变化。

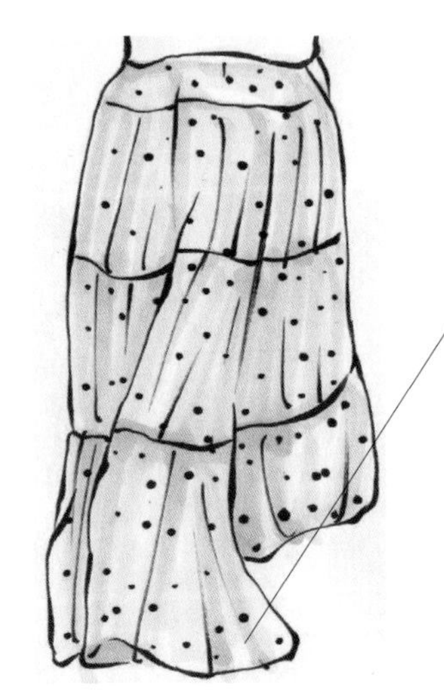

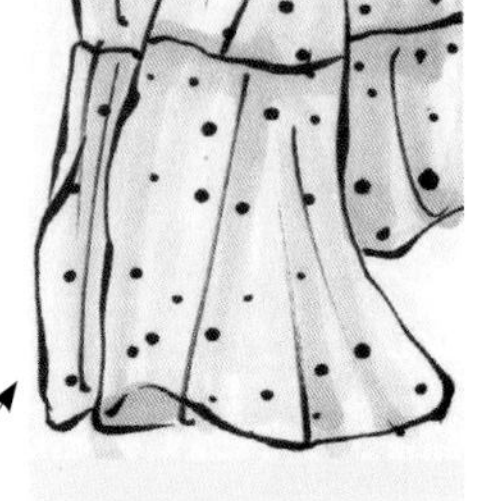

绘制最底层的裙摆轮廓线条时，要注意裙摆的起伏、前后的线条变化。

步骤一 ▶ 用铅笔画出半裙的轮廓线条以及内部的褶皱线条。

步骤二 ▶ 先用吴竹黑色毛笔画出半裙的轮廓，再用G53号色马克笔平铺半裙的底色。

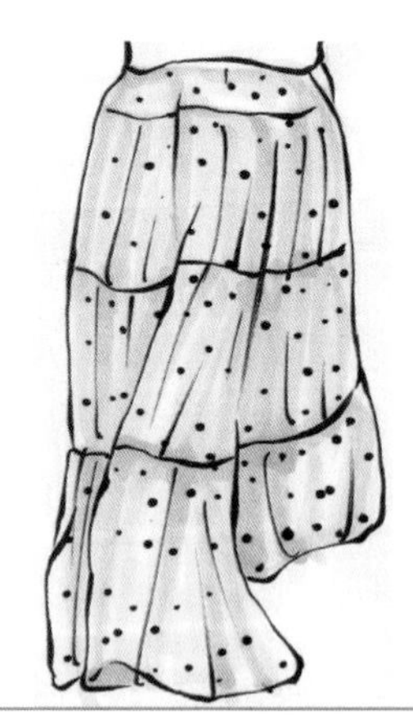

步骤三 ▶ 用G48号色马克笔加深半裙内部褶皱的暗面颜色，再用G201号色马克笔点缀出内部的圆点图案。

3.3.5 多款服装褶皱款式范例

3.4 服装款式图

服装款式图是指平面的服装款式图，能够具体地展现服装各方面的细节。绘制时装效果图时，为了强调美观以及风格，会更加突出单件服装的特点。根据不同服装款式，服装款式图大致可以分为上装、裤装、半裙、连衣裙四大类。

3.4.1 上装款式图

上款服装款式是指上半身的服装，包括内搭上衣、外套、大衣等多种类别的服装款式。上装款式的特点主要在于门襟以及袖口的特点变化。案例表现的是两款衬衫和毛衣具有不同特点的上装款式图，通过平面绘制，可更好地展现服装款式的细节。

3.4.1.1 衬衫

案例表现的是一款小V领、领口系带的衬衫款式。这款衬衫采用小高领、袖口束口、门襟单排纽扣的造型设计，是一款经典的衬衫款式，主要在于通过衣领以及袖口的设计变化可设计出多种不同款式的衬衫。

绘画工具

1. 施德楼自动铅笔。
2. 施德楼橡皮。

绘制要点

1. 衣袖内部褶皱线条的刻画。
2. 衣摆的前后起伏变化。

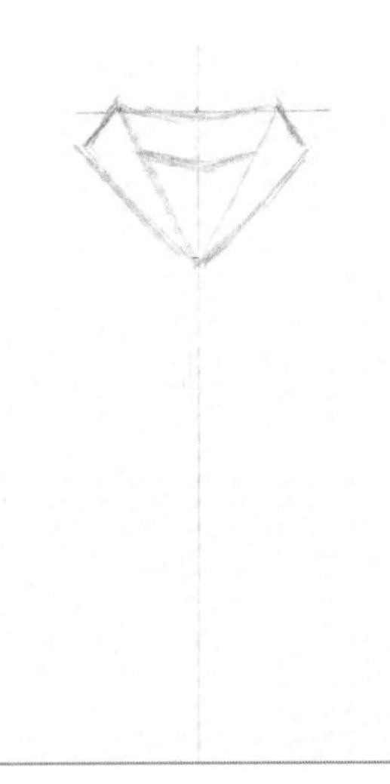

步骤一▶用铅笔画出一条中心线，再确定出衣领的最高点位置，再确定出衣领最低点位置，最后画出衣领的轮廓线条。

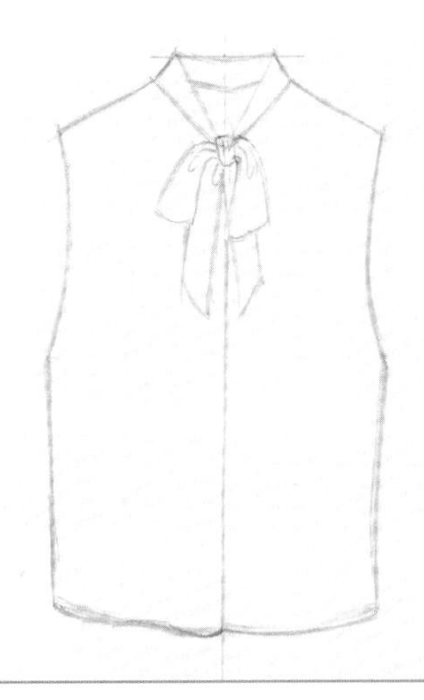

步骤二▶画出肩线的长度，再确定出袖窿的位置以及衣身的长度，根据画好的衣领轮廓，确定出领结的轮廓线条以及内部的细节，最后画出门襟的线条。

步骤三▶根据上一步确定出的衣身宽度，画出两边对称的衣袖，先确定出袖窿、袖口的位置，再画出衣袖的外轮廓线条，再确定出袖口的特点以及袖子内部的褶皱线条。

步骤四▶画出门襟的线条以及纽扣的轮廓，再擦除多余的杂线，最后加深衣袖内部的褶皱线。

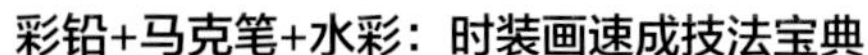

3.4.1.2 毛衣

案例表现的是一款高领长袖毛衣，领子、袖口以及衣摆的位置，可运用清晰的毛衣质感的线条加以表现。这款毛衣的肩线采用连肩、衣身宽松的设计，能够充分展现毛衣的休闲感。

绘画工具

1. 施德楼自动铅笔。
2. 施德楼橡皮。

绘制要点

1. 衣领线条绘制。
2. 衣身与衣摆的轮廓表现。

绘制毛衣领时应注意衣领圈的空间线条处理。

宽松衣身的轮廓线连接衣摆的线条，应注意衣摆与衣身转折的处理。

步骤一 ▶ 先画出一条中心线，再画出两边对称的直线，再确定出领子的轮廓线条；在画好的领子轮廓位置，确定出肩线的线条。

步骤二 ▶ 根据确定好的肩线，画出两边对称的衣身轮廓线条，再确定出衣摆的外轮廓线条，应注意衣摆轮廓线条的弧顺度。

步骤三 ▶ 根据画好的肩线线条，确定出衣袖的轮廓线条，再画出袖口内部的线条。

步骤四 ▶ 先擦除多余的杂线，滑顺处理毛衣的外轮廓线条，再确定出衣领、袖口和衣摆内部的毛衣质感线条。

3.4.2 裤装款式图

裤装款式图的表现技法与裙子的画法有着相同地方。绘制裤子的要点是把握好裤子的长度与宽度的比例关系，以及对裤子内部装饰线条的把握，裤子的另一个特点在于裤门襟的特点表现。

3.4.2.1 短裤

案例表现的是一款分割线条的短裤。裤子采用插袋、门襟、裤摆花边的造型设计，在绘制短裤的线条时，应注意裤腰内部装饰线的绘制。

绘画工具

1. 施德楼自动铅笔。
2. 施德楼橡皮。

绘制要点

1. 裤腰内部线迹的绘制。
2. 裤摆花边的轮廓线条表现。

步骤一 ▶ 先画出一条中心线，再确定出腰部的轮廓线条以及裤门襟的中线。

步骤二 ▶ 先确定出短裤裤边的位置，再画出短裤的外轮廓线条，再画出裤子内部的分割线条。

步骤三 ▶ 继续绘制裤边的细节，先描绘出花边褶的外轮廓线条，再画出内部的褶皱线。

步骤四 ▶ 先擦除多余的杂线，再继续加深短裤的轮廓线条，最后画出裤头内部的虚实线条。

3.4.2.2 长裤

案例表现的是一款七分牛仔裤。这款牛仔裤采用大插袋、卷边的造型设计，对于内部装饰线条的刻画能够丰富裤子的层次效果。

绘画工具

1. 施德楼自动铅笔。
2. 施德楼橡皮。

绘制要点

1. 裤子的长度比例把握。
2. 裤摆的卷边线条绘制。

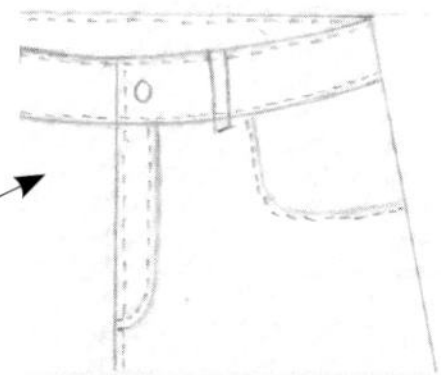

绘制裤门襟线条时，要注意线条的弧顺。

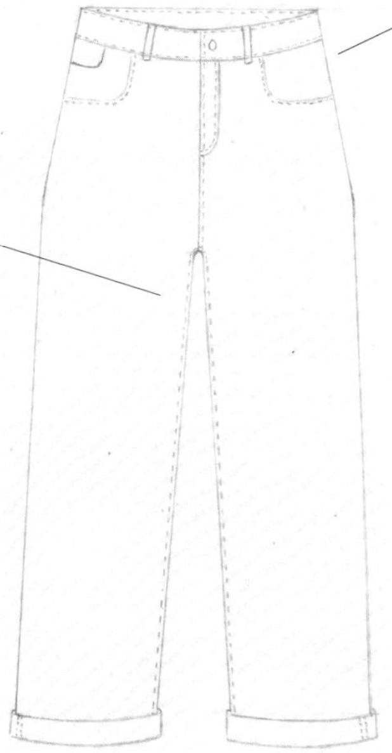

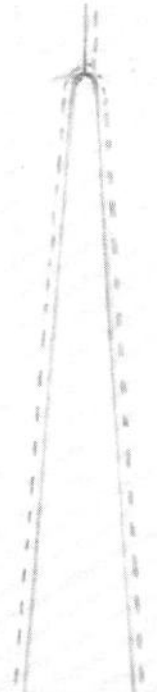

绘制裤边以及内部装饰线条时，要注意线条轻重变化。

步骤一 ▶ 先画出一条中线，再根据中线确定出两边对齐的裤腰轮廓线条以及裤中线。

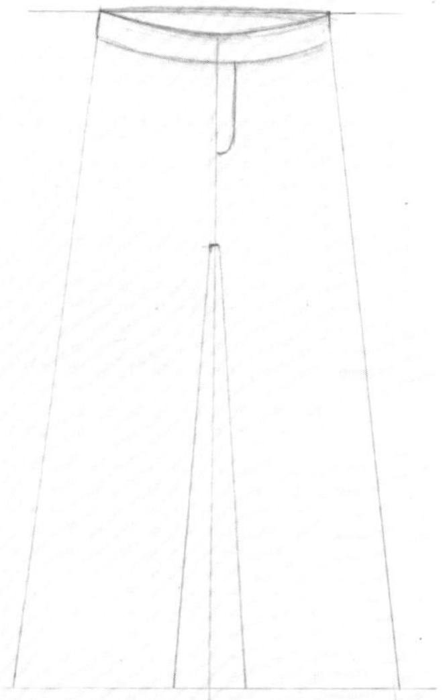

步骤二 ▶ 先确定出裤长的位置以及裤子的宽度，再画出裤腿的外轮廓线条表现。

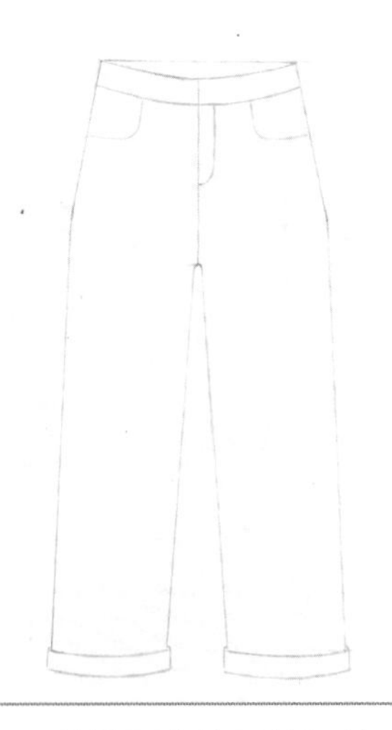

步骤三 ▶ 继续画出裤子的细节，先确定出裤口袋的轮廓线条，再画出裤子卷边的造型线条。

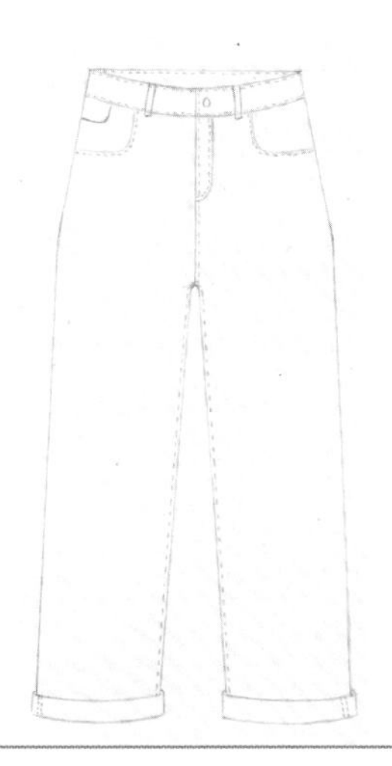

步骤四 ▶ 擦除多余的杂线，仔细刻画加深裤子的外轮廓线条，再点缀地画出裤子内部的装饰线条。

3.4.3 半裙款式图

半裙款式图与裤子款式的绘制要点相同，要点在于对半裙整体长度和宽度比例关系的把握。绘制裙子时要注意裙子内部多变的分割特点以及多余的造型设计。

3.4.3.1 百褶半裙

案例表现的是一款细褶半裙。半裙采用不对称和高腰的造型设计，应注意裙摆褶皱的前后空间线条的变化，以及褶皱线条的绘制表现。

绘画工具

1. 施德楼自动铅笔。
2. 施德楼橡皮。

绘制要点

1. 裙摆褶皱线条的绘制。
2. 高腰内部装饰线条的刻画。

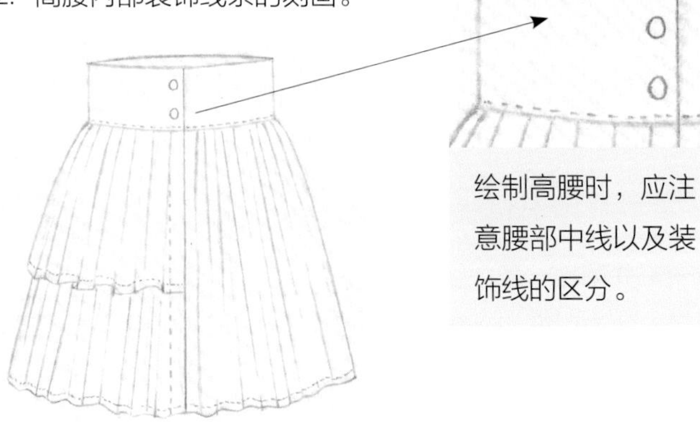

步骤一 ▶ 画一条中心线，再确定出半裙腰部的位置，以及裙摆的宽度；先画出腰部的轮廓线条，再确定出半裙内部的分割线。

步骤二 ▶ 继续画顺裙摆的弧度线条，再画出不对称短裙的裙边线条，最后画出内部的褶皱线。

步骤三 ▶ 先擦除多余的杂线，再继续加深裙子的外轮廓线条，再清晰画出内部的褶皱线，最后画出腰部的纽扣。

3.4.3.2 牛仔半裙

案例表现的是一款牛仔半裙。牛仔裙的特点在于内部的装饰线条比较丰富。这款牛仔半裙采用前排纽扣分割的造型设计，更加丰富了牛仔半裙的画面视觉效果。

绘画工具

1. 施德楼自动铅笔。
2. 施德楼橡皮。

绘制要点

1. 裙摆宽度的把握。
2. 半裙内部分割线与装饰线的区别。

绘制腰头和口袋衔接的轮廓线条时，要注意长度比例关系。

步骤一 ▶ 先大致画出半裙的外轮廓以及内部中线的线条。

步骤二 ▶ 继续刻画半裙内部的线条，画出口袋、腰部、门襟以及分割线的位置线条。

步骤三 ▶ 擦除多余杂线，加深半裙的外轮廓线条以及口袋的位置。

步骤四 ▶ 画出前排纽扣的轮廓，再画出裙子内部的分割线条，最后确定出裙子内部的装饰线条。

3.4.4 连衣裙款式图

连衣裙款式图实际上属于上装款式图和下装款式图的结合。绘制连衣裙款式图时，既要把握好整体的比例关系，也要注意上半部分和下半部分的细节特点。

3.4.4.1 西装领短款连衣裙

案例表现的是一款短款连衣裙。连衣裙采用西装领、短袖、腰部分割、内部公主线分割的造型设计，在绘制这款连衣裙的线条时，要注意左边衣领叠搭在右边衣领时的造型表现。

绘画工具

1. 施德楼自动铅笔。
2. 施德楼橡皮。

绘制要点

1. 西装领的造型轮廓线条刻画。
2. 裙摆的弧度表现。

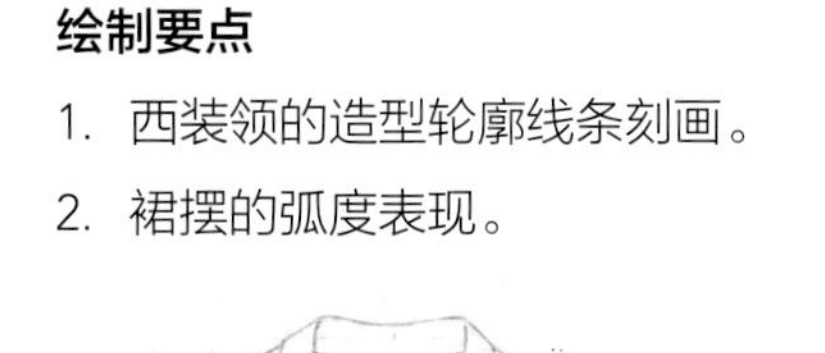

步骤一 ▶ 先画出一条中线，再确定出西装的轮廓线条，应注意领子的叠搭表现。

步骤二 ▶ 继续确定出肩线以及衣身的轮廓线条，再确定出腰部中线，再画出裙摆的轮廓线条。

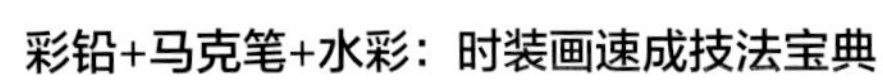

步骤三 ▶ 画出衣袖的轮廓造型，再确定出裙子内部的公主分割线。

步骤四 ▶ 擦除多余的杂线，加深连衣裙的外轮廓线条以及内部的装饰线条，最后画出纽扣的形状。

3.4.4.2　褶皱长款连衣裙

案例表现的是一款褶皱长款连衣裙。这款连衣裙采用高领、束口袖、腰部分割的造型设计，再搭配褶皱面料，连衣裙的整体效果给人以一种成熟、浪漫的视觉效果。

绘画工具

1. 施德楼自动铅笔。
2. 施德楼橡皮。

绘制要点

1. 连衣裙袖子的造型表现。
2. 长款裙摆的弧度把握。

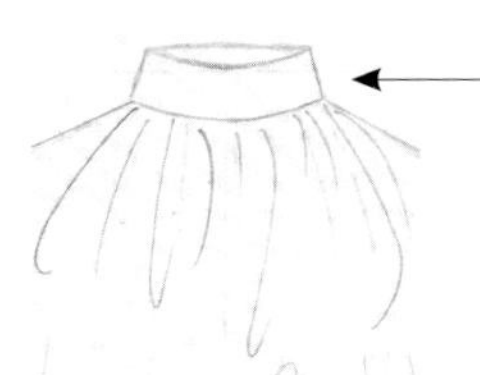

绘制上半身的衣身内部褶皱线条时，应注意褶皱线的虚实变化。

绘制袖子的轮廓造型线条时，应注意衣身与袖子位置的线条表现。

步骤一 ▶ 先画出一条中线，再确定出领子的轮廓线条，再画出上半身裙子的轮廓线条。

步骤二 ▶ 画出长款连衣裙裙摆的外轮廓线条，再确定出衣袖的长度以及衣袖的轮廓线条。

步骤三 ▶ 继续画出衣领口的弧度线条，再继续画出衣袖口的线条，最后画出整体裙子内部的褶皱线条。

步骤四 ▶ 擦除多余的杂线，再仔细刻画连衣裙的轮廓线条，最后画出裙子内部虚实变化的褶皱线条。

3.4.5 多款服装款式范例

第4章

彩铅时装面料表现技法

彩铅属于时装手绘技法中相对比较简单的绘画工具，彩铅细腻的笔触能够很好地展示服装面料的质感。为了表现不同的面料材质，可通过控制用笔的力度以及排线的特殊笔触来进行展示。彩铅的笔触可以规则排列，也可以自由变化。彩铅技法的运用和绘制素描的方法比较接近。为了增加画出的感染效果，可以通过不同的运笔笔触感来实现。

4.1 薄纱面料

案例表现的是同色系拼接披肩的薄纱连衣裙。对于薄纱面料的时装画表现，首先应通过对人体动态和裙子上半部分以及裙摆摆动的详细线条刻画来表现薄纱的飘逸和透明度，同时通过对腰部装饰的绘制，从而与薄纱的透明质感进行对比；对于薄纱面料柔软的质感可通过裙摆的褶皱线条体现出来。在绘制时，既要表现裙子整体的款式特点，也要细致刻画裙摆的褶皱以体现薄纱面料的质感。

绘画工具

1. 施德楼自动铅笔。
2. 施德楼橡皮擦。
3. 辉柏嘉彩铅。
4. 白色高光笔。

绘制要点

1. 手臂摆动与披风产生的前后变化。
2. 薄纱裙摆堆积线条的处理。

绘画颜色

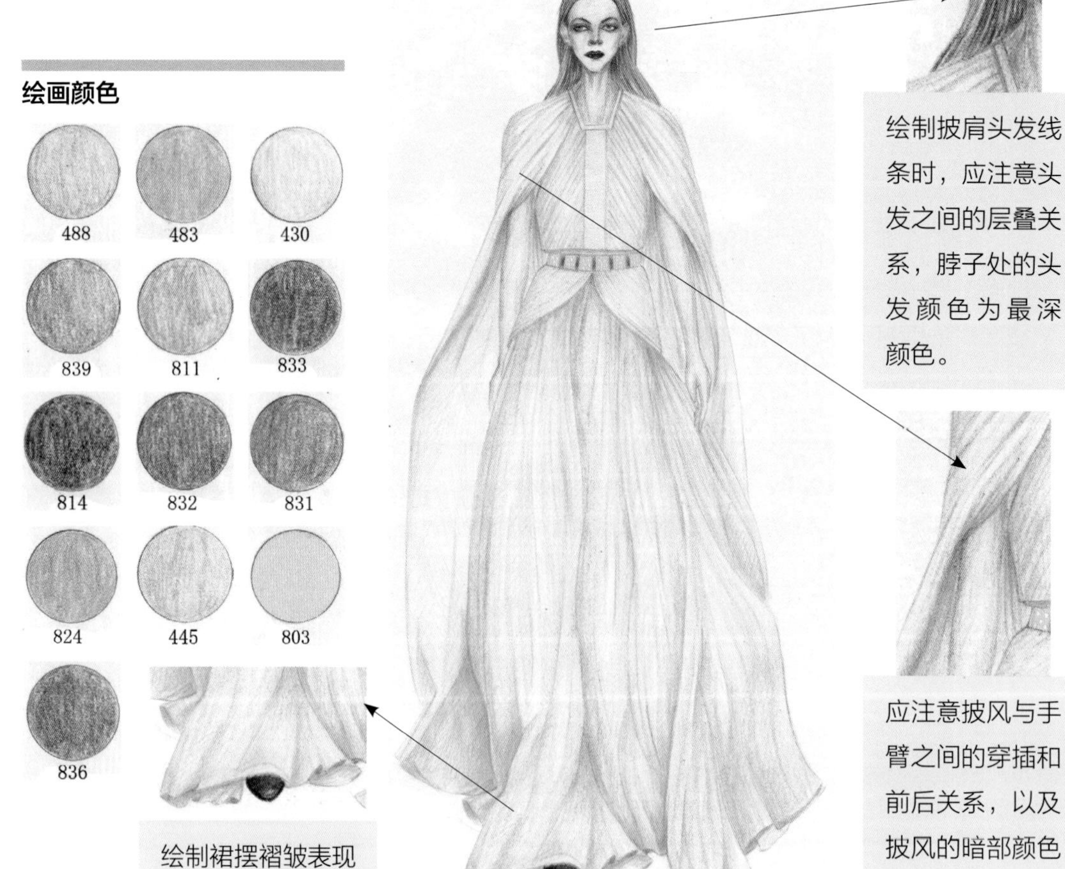

步骤一 ▶ 先画出一条中心线，再确定出最高点和最低点，根据时装画人体比例，确定出时装人体的九等分比例；根据确定好的人体比例，画出头部的轮廓，确定出头部的中心线和面部五官位置，再刻画出面部五官的轮廓线条以及发际线的位置和脖子的长度线条。

步骤二 ▶ 先画出头发的轮廓线条，再根据人体动态和人体比例的特点，画出胸腔和盆腔的体块变化，再确定出腿部的动态变化；应注意人体走动时两腿之间的前后变化，再画出手臂摆动的线条。

步骤三 ▶ 在上一步确定好的人体动态线条上，画出整体服装的线条表现，先确定好脖子到腰部的外轮廓线条，再画出腰部到裙摆的外轮廓线条，确定出披风的轮廓线条；再根据确定好的外轮廓服装线条，刻画出服装内部的细节线条，应注意手臂摆动时披风的变化。

步骤四 ▶ 用铅笔仔细绘制整体服装的线条表现，应注意裙摆的起伏变化，再擦除多余的杂线，再用488号彩铅刻画面部轮廓线条、面部五官线条、头发的线条以及脖子和手臂的线条表现，再用492号彩铅勾勒腰部的装饰线条和眉毛的线条。

步骤五 ▶ 画出皮肤的颜色表现，用430号彩铅平铺画出皮肤的底色，应注意用彩铅上色时要采用排线的方法绘制；再次用430号彩铅加深眼窝、鼻底、脖子以及手臂的暗部，用839号彩铅再次加深眼窝、鼻底和脖子的暗部，增强面部的立体效果。

步骤六 ▶ 画出面部五官的颜色，先用488号彩铅加深眼影的颜色表现，注意强调眼窝和眼尾的颜色处理，再用811号彩铅加深眼尾的颜色，用833号彩铅画出眼珠的颜色表现，最后再用814号彩铅画出嘴唇的固有色表现。

步骤七 ▶ 画出头发的颜色表现时，应注意头发的明暗颜色变化，先用488号彩铅以排线的方法画出头发的底色，用831号彩铅加深头发的暗部颜色，最后再用832号彩铅再次强调脖子位置以及耳朵位置的暗部头发颜色。

步骤八 ▶ 绘制薄纱面料的服装质感时，应注意表现出面料的轻薄透质感，先用822号彩铅勾勒出服装的暗部颜色，应注意强调脖子后面、手臂与披风位置以及裙摆褶皱位置的暗面颜色表现，再勾勒出腰部以下裙摆褶皱线的颜色表现。

步骤九 ▶ 继续加深薄纱裙子的暗面颜色以及褶皱的暗部颜色，用824号彩铅先画出披风与手臂位置的暗面颜色，再次加深上半身衣服褶皱位置的颜色，最后刻画裙摆褶皱位置的暗面。

步骤十 ▶ 为了增强薄纱面料的质感表现，用445号彩铅再次加深手臂与披风位置以及裙摆的暗面颜色，增强服装的立体感，再用822号彩铅画出亮面的颜色表现。

步骤十一 ▶ 画出腰部装饰颜色和鞋子的颜色表现，先用803号彩铅和483号彩铅画出腰部的装饰颜色，再用836号彩铅画出鞋子的明暗颜色表，最后用高光笔点缀出腰部装饰品的高光颜色。

4.2 牛仔面料

案例表现的是一款高腰长款牛仔裤。这款牛仔裤的颜色比较浅，可搭配同样颜色较浅的条纹字母T恤，体现出一种非常休闲的时尚感。绘制牛仔面料的质感时，要先仔细画出牛仔裤的内外轮廓线条以及装饰线条的特点，再画出牛仔裤的明暗变化。

绘画工具

1. 施德楼自动铅笔。
2. 施德楼橡皮擦。
3. 辉柏嘉彩铅。
4. 白色高光笔。

绘制要点

1. 牛仔面料的面料质感表现。
2. 注意裤子与腿部的前后空间变化。

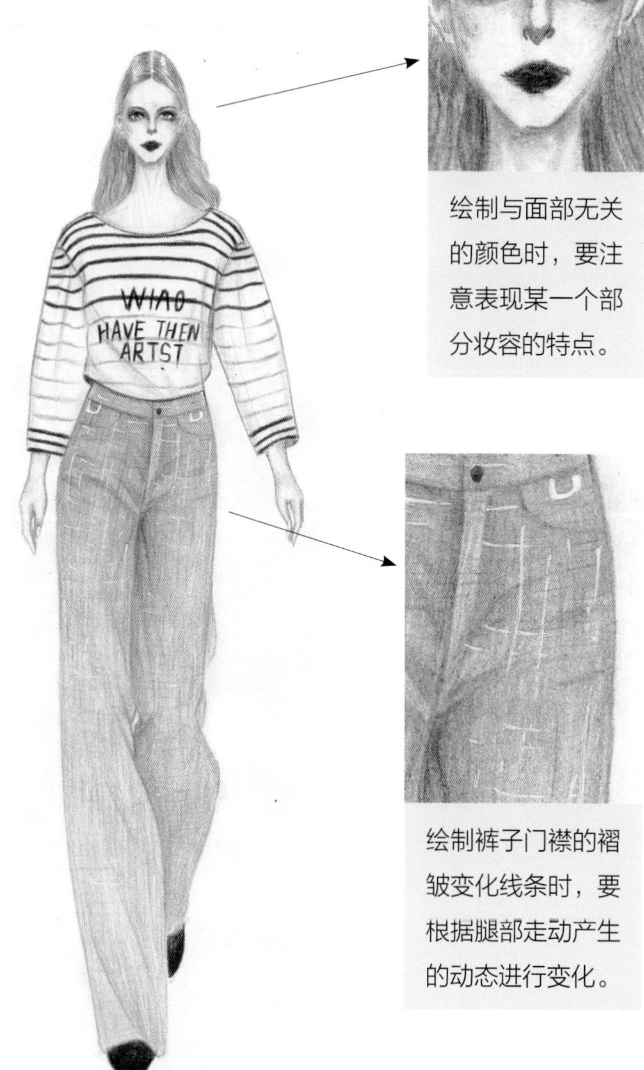

绘画颜色

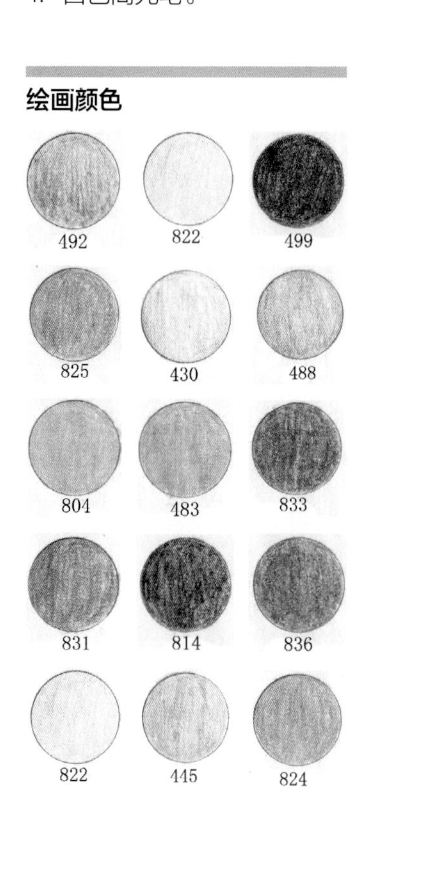

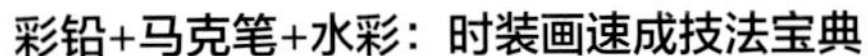

步骤一 ▶ 先画出一条中心线，再画出头部的外轮形状，再画出摆动的胸腔和盆腔的体块，根据盆腔的摆动画出腿部的轮廓线条，最后画出手臂的轮廓线条。

步骤二 ▶ 根据画好的头部轮廓，找出面部五官的位置，再刻画出面部五官的细节轮廓，再画出整体的头发轮廓造型，应注意头发的转折变化。

步骤三 ▶ 根据确定好的人体动态，画出衣服的轮廓，先画出上衣的轮廓线条，再画出上衣内部变化的褶皱线条，再画出牛仔裤的外轮廓线条，应注意对后裤腿褶皱线的处理。

步骤四 ▶ 用彩铅画出整体的轮廓线条，先用492号彩铅画出人体的轮廓线条，再用822号彩铅画出头发丝的轮廓线条，用499号彩铅画出面部五官的轮廓以及上衣的轮廓线条，最后再用825号彩铅画出牛仔裤轮廓线条的变化。

步骤五 ▶ 先用430号彩铅平铺地画出皮肤底色，应注意颜色要浅；再用488号彩铅加深额头、眼窝、眼尾、鼻底、脖子、手等处的暗部颜色表现。

步骤六 ▶ 画出头发的颜色，用804号彩铅平铺地画出头发的底色，应注意头顶亮面直接留白；再用483号彩铅加深头发的暗面，再次加深脖子位置的头发暗部颜色。

步骤七 ▶ 用833号彩铅画出眼珠颜色，用499号彩铅加深眼睛的外轮廓，再用831号彩铅画出眼影的颜色表现，最后用814号彩铅画出嘴唇的颜色。

步骤八 ▶ 用836号彩铅画出上衣内部的褶皱线以及褶皱线位置的暗面颜色，再用499号彩铅和836号彩铅画出深浅变化的条纹颜色表现。

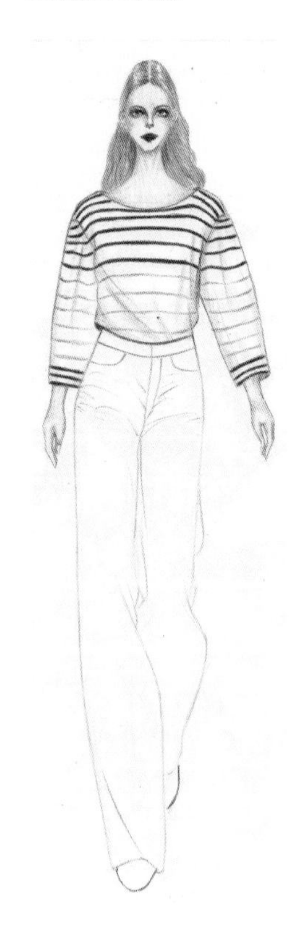

步骤九 ▶ 画出牛仔裤的底色，用822号彩铅勾勒出牛仔裤内部的褶皱线，再用平铺的方式画出牛仔裤的底色，再次加深裤门襟褶皱线的暗部颜色。

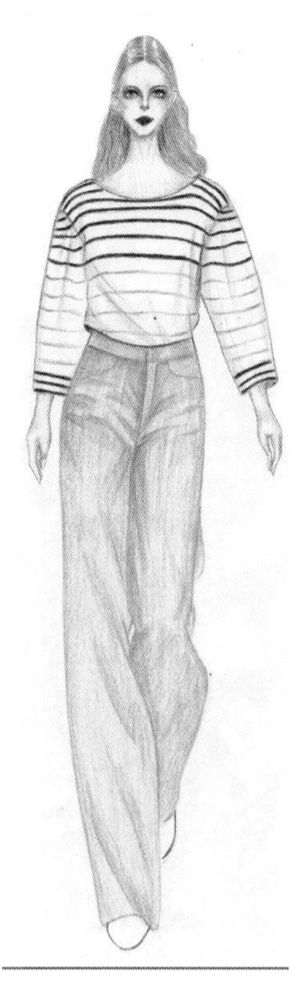

步骤十 ▶ 用445号彩铅加深牛仔裤内部的暗部颜色以及褶皱线位置的暗部，再次加深门襟位置褶皱线的颜色以及后裤腿遮挡位置的暗面。

步骤十一 ▶ 继续刻画牛仔裤的颜色，用822号彩铅再次加深牛仔裤的底色，用824号彩铅画出牛仔裤表面的纹理，再用白色高光笔画出牛仔裤表面的亮部纹理。

步骤十二 ▶ 用814号彩铅画出上衣内部字母图案的颜色，再用499号彩铅画出鞋子的固有色表现。

4.3 皮革面料

案例表现的是浅色牛仔马甲的款式特点。牛仔布最大的特点就是厚实耐磨，牛仔布料的表面都有比较清晰的纹理，所以在绘制牛仔面料的质感时，要表现出面料的挺括以及纹理。这款案例选用了颜色较浅的牛仔马甲搭配白色系的上衣和半裙，能够更好地体现牛仔面料马甲的特点。

绘画工具

1. 施德楼自动铅笔。
2. 施德楼橡皮擦。
3. 辉柏嘉彩铅。
4. 白色高光笔。

绘制要点

1. 两手臂摆动产生的前后空间关系。
2. 牛仔马甲的面料质感绘制。

绘画颜色

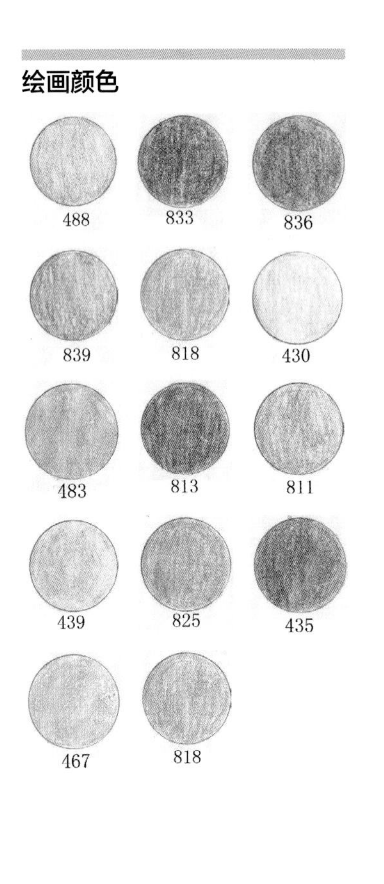

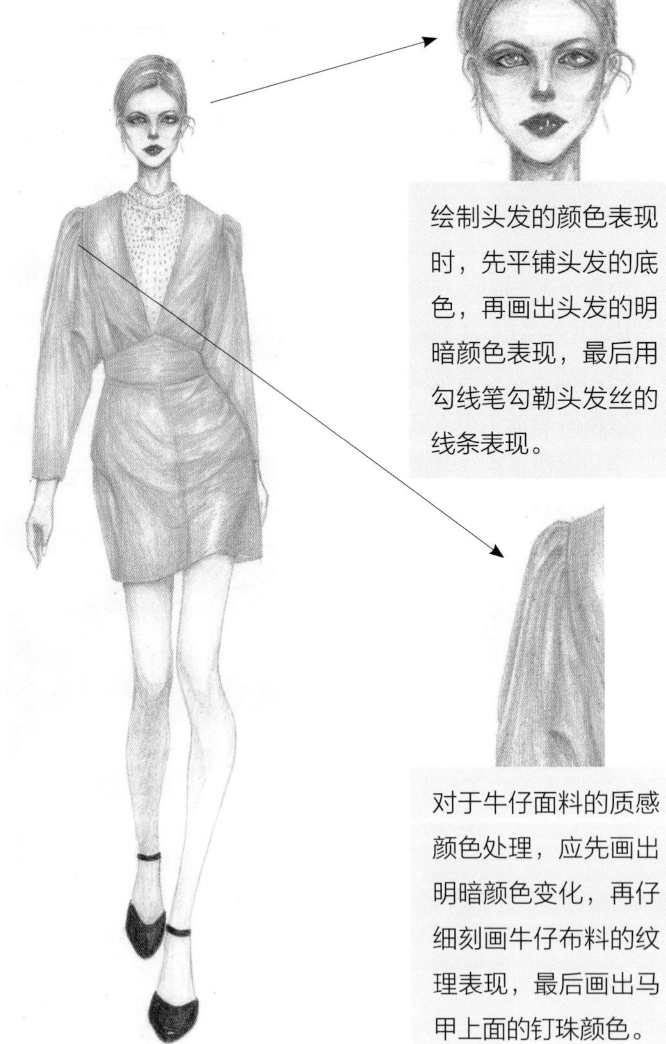

步骤一 ▶ 先画出一条中心线，在九等分平分的横线处，画出头部的外轮廓形状，再确定出面部五官的位置；根据人体走动产生的动态，画出胸腔和盆腔的体块，再画出摆动的手臂线条以及腿部走动的线条表现。

步骤二 ▶ 在画出的头部轮廓上，确定出正面五官的位置，先画出眼睛、眉毛和耳朵的轮廓线条；再根据两眼之间的眼距离确定出鼻子的轮廓线条，再画出嘴巴的轮廓线条，再确定出发际线的位置，画出头发的外轮廓线条表现。

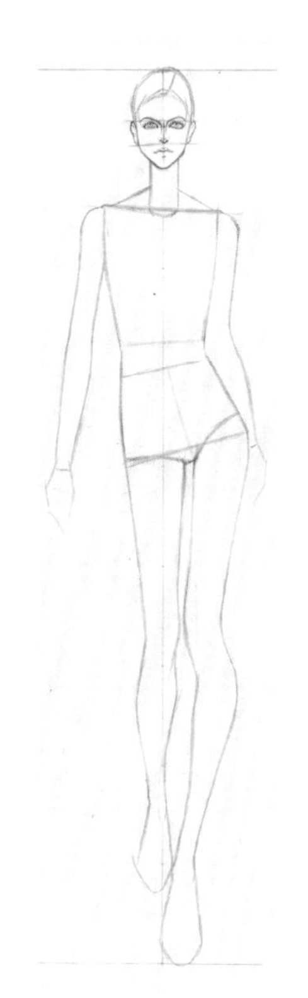

步骤三 ▶ 根据画好的人体动态线条，画出衣服的线条，再找出整体服装大致位置的外轮廓线条，再刻画出领子、袖子、腰部以及裙摆的造型线条，最后刻画出衣服内部的褶皱线条。

步骤四 ▶ 在上一步确定好的整体线条之上，先擦除多余的杂线，再用488号彩铅画出面部、脖子、手和腿部的轮廓线条；用833号彩铅画出头发的线条以及眉毛的线条，用836号彩铅刻画出眼睛、鼻子、嘴巴和鞋子的线条，再画出衣服的轮廓线条，先用839号彩铅画出内搭服装的轮廓线条，再用818号彩铅画出裙子的外轮廓线条以及内部的褶皱线条。

步骤五 ▶ 绘制皮肤的颜色，用430号彩铅画出眼窝、眼尾、鼻梁、鼻底、面颊、脖子、手、腿部的暗部，应注意眼尾到脸颊暗部的颜色衔接；绘制大腿与裙摆的暗面颜色时，要根据腿部走动产生的动态来表现暗面颜色。

步骤六 ▶ 先用488号彩铅再次加深皮肤的暗面颜色，应注意眼尾、眼窝以及下眼睑的暗面颜色表现以及腿部背光面的颜色表现，再用430号彩铅画出额头、面部、脖子、手和腿部的亮面颜色。

步骤七 ▶ 绘制出头发的颜色，先用483号彩铅画出头发的底色，对于亮部头发直接留白处理，再用833号彩铅画出头发的暗面，应注意耳朵位置的发丝线条表现。

步骤八 ▶ 画出面部妆容的颜色表现，用813号彩铅画出眼影的颜色表现，主要刻画眼尾的颜色；再用811号彩铅画出嘴唇的固有色表现，用836号彩铅加深眼部轮廓线条，再画出眼珠的颜色，用高光笔画出眼珠和嘴唇的高光颜色。

步骤九 ▶ 画出内搭服装的颜色，用439号彩铅平铺内搭服装的底色，再用825号彩铅点缀出蓝色图案，用435号彩铅点缀出紫色图案，再用高光笔画出内搭服装的高光表现。

步骤十 ▶ 绘制皮革面料服装时，先加深暗部颜色，增强明暗颜色的对比，更能突出皮革服装的光泽效果；用467号彩铅加深衣服褶皱位置的暗面，应注意袖窿位置的褶皱线条表现。

步骤十一 ▶ 继续加深衣服的暗部颜色，用467号彩铅加深袖子与衣身的褶皱暗部，注意皮革服装的褶皱较多；绘制时要仔细勾勒褶皱的暗部颜色，再用818号彩铅继续加深暗部颜色，上色时可以在亮面加一点颜色表现。

步骤十二 ▶ 用818号彩铅再次加深褶皱暗部，再用818号彩铅勾勒整体服装的颜色，应注意高光位置留白处理，用836号彩铅画出鞋子的固有色表现。

4.4 格纹面料

案例表现的是一款格纹上衣。这款上衣的面料采用了黄、红、蓝三种颜色设计，运用了长袖、开门襟、圆领的造型设计，再搭配同样颜色比较显眼的短裤和手提包。整体的画面色彩非常丰富，在绘制这款格纹面料的服装颜色时，要注意底色以及格纹固有色之间的区别。

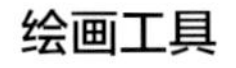

绘画工具

1. 施德楼自动铅笔。
2. 施德楼橡皮擦。
3. 辉柏嘉彩铅。
4. 白色高光笔。

绘制要点

1. 格纹面料质感的表现。
2. 面部妆容的特点。

绘画颜色

绘制面部妆容的颜色，要注意眼影、腮红以及嘴唇颜色之间的协调。

绘制格纹面料的颜色，先画出衣服内部的褶皱线，再画出起伏变化的格纹颜色表现。

步骤一▶画出时装人物的线稿图。先画出人体的动态线条，再刻画出面部五官的线条以及头发的造型表现；应注意发尾头发的线条绘制，再根据人体动态的变化，确定出上衣和裤子的外轮廓线条，再刻画出衣服内部的褶皱线条，最后画出手提包和鞋子的线条。

步骤二▶用彩铅勾勒人体和服装的轮廓线条，先用488号彩铅画出面部的轮廓线条和手部、腿部的轮廓线条，再用832号彩铅勾勒出头发的轮廓线条，最后用836号彩铅画出上衣、裤子、手提包和鞋子的轮廓线条。

步骤三▶画出皮肤的颜色表现，用430号彩铅平铺画出皮肤的底色，再次用430号彩铅加深眼窝、鼻底、脖子和腿部的暗部颜色表现。

步骤四 ▶ 继续加深皮肤的暗部颜色，增加层次感；用848号彩铅加深额头、眼窝、眼尾、鼻梁、鼻底、面颊、脖子、手和腿部的暗部颜色，应注意膝盖位置的暗部颜色表现，再用488号彩铅继续加深眼窝、鼻底、脖子的暗部颜色。

步骤五 ▶ 画出头发的颜色，先用483号彩铅画出头发的底色，用笔根据头发的转折进行上色，再用832号彩铅加深头的暗部颜色，应注意头发的层次表现，最后再用836号彩铅继续加深脖子位置的暗部颜色。

步骤六 ▶ 画出面部的妆容，先用499号彩铅加深眼睛的外轮廓线条，以及眉毛的颜色绘制，再用832号彩铅画出眼珠的颜色，用806号彩铅画出眼影的颜色，最后用814号彩铅画出嘴唇的固有色表现。

步骤七 ▶ 画出上衣的底色，用804号彩铅运用排线的方式画出上衣的底色，运笔根据服装的转折线变化，再次用804号彩铅加深上衣内部褶皱线位置的颜色。

步骤八 ▶ 画出格纹的线条，先用806号彩铅画出橙色的横向线条，再画出竖线，用824号彩铅画出蓝色的横向线条和竖线线条。

步骤九 ▶ 填满格纹的颜色，先用806号彩铅填满橙色框架的颜色，再用824号彩铅填满蓝色框架的颜色。

步骤十 ▶ 画出裤子的颜色，用466号彩铅平铺画出裤子的底色；应注意用笔时运用排线的方式，再次用466号彩铅加深裤子的底色。

步骤十一 ▶ 加深裤子的暗部颜色，用473号彩铅加深整个裤子的暗部颜色，再次用473号彩铅加深裤子内部褶皱线位置的暗部颜色表现。

步骤十二 ▶ 画出手提包的颜色，用824号彩铅先画出手提包的底色，再用824号彩铅加深包包底部以及包包表面的暗部颜色，注意亮部直接留白。

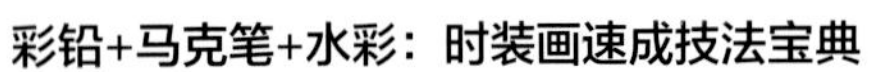

步骤十三 ▶ 画出鞋子的颜色表现，用836号彩铅画出鞋子的固有色，再用499号彩铅加深鞋子的暗部颜色以及鞋底的厚度表现。

步骤十四 ▶ 先用499号彩铅画出裤子内部的装饰线，再用白色高光笔点缀画出格纹上衣内部的白色圆点图案。

4.5 条纹面料

案例表现的是一款吊带条纹面料连衣裙。这款裙子采用拼接面料设计吊带以及低腰的造型设计，整件裙子的造型呈现出非常俏丽、可爱的样式，再搭配颜色亮丽的发箍、耳环、手提包和松糕鞋，展现了女性的时尚浪漫气息。在绘制这款条纹面料的颜色表现时，要注意条纹的起伏扭转变化。

绘画工具

1. 施德楼自动铅笔。
2. 施德楼橡皮擦。
3. 辉柏嘉彩铅。
4. 白色高光笔。

绘制要点

1. 条纹面料的绘画表现。
2. 腿部走动的空间变化处理。

绘画颜色

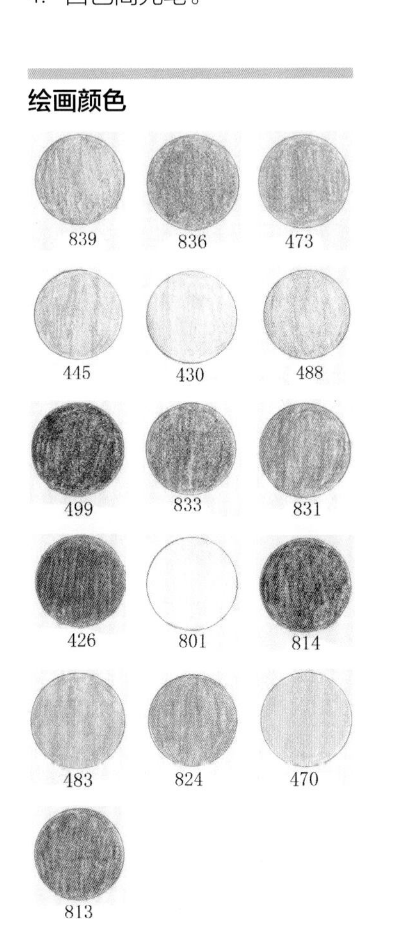

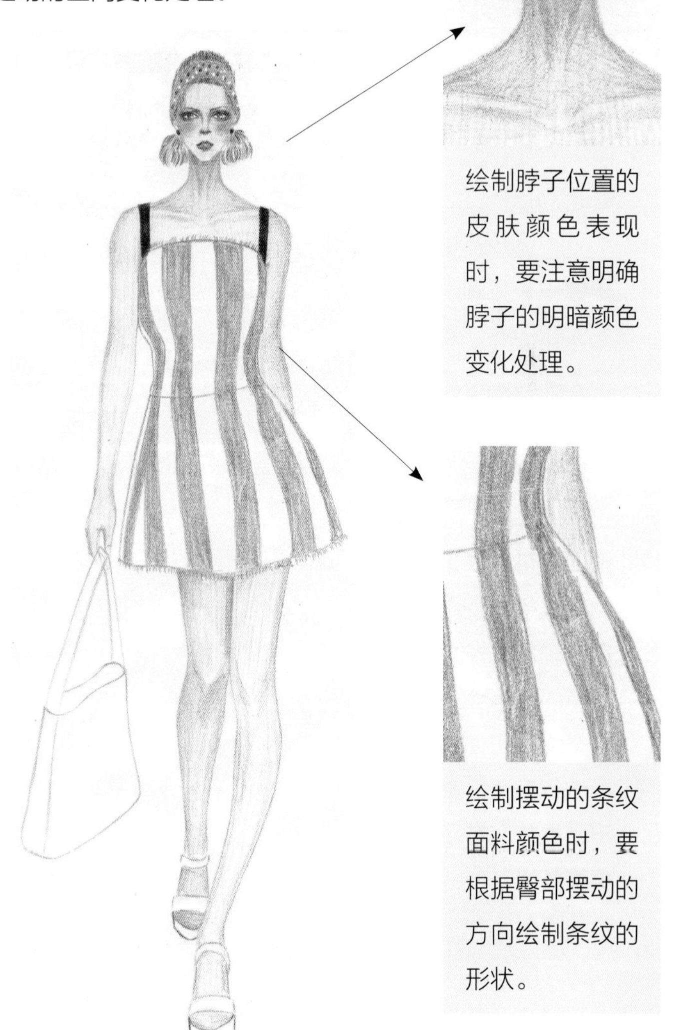

步骤一 ▶ 先画出走动的人体动态，注意腿部之间的关系，再画出面部五官的轮廓，确定出发型以及发箍、耳环的造型，再画出吊带连衣裙的外轮廓线条以及内部的条纹轮廓线条；应注意条纹起伏变化时要根据人体扭动的盆腔而进行变化，最后画出手提包和鞋子的轮廓线条。

步骤二 ▶ 用彩铅加深整体服装以及人体的轮廓线，先用839号彩铅画出人体的轮廓线条，再用836号彩铅画出面部五官、头发、耳环、吊带以及鞋子的轮廓，用473号彩铅画出裙子的轮廓线条，最后用445号彩铅画出包包的轮廓。

步骤三 ▶ 画出皮肤的颜色，用430号彩铅平铺画出整体皮肤的底色；应注意上色要浅，再次加重用笔的力度，加深眼窝、鼻梁、脖子、肩部、手臂以及腿部位置的暗面颜色。

步骤四 ▶ 继续加深皮肤的颜色，先用430号彩铅再一次加深皮肤的底色，再用488号彩铅加深额头、眼窝、眼尾、鼻梁、鼻底、脖子、肩部、手臂以及腿部的暗部颜色，并再次加强脖子的暗部颜色，增强皮肤的明暗颜色对比。

步骤五 ▶ 画出面部妆容的颜色表现，先用499号彩铅加深眼睛的轮廓线条并画出眉毛的形状，再用833号彩铅画出眼珠的颜色，用831号彩铅加深眼窝到鼻梁的颜色并且画出腮红的颜色，用426号彩铅画出眼影的颜色以及嘴唇的固有色。

步骤六 ▶ 先用836号彩铅画出头发的固有色，应注意亮部头发直接留白，再用483号彩铅画出发箍的固有色，最后再用499号彩铅和801号彩铅画出发箍上面的圆点图案。

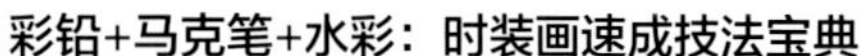

步骤七▶画出耳环的颜色表现，绘制这款多色流苏耳环的颜色时，要把每种颜色分清楚位置之后再进行上色，分别用814号彩铅、483号彩铅、824号彩铅和473号彩铅画出流苏耳环的颜色表现。

步骤八▶先用473号彩铅画出连衣裙边的细碎流苏边，注意虚实疏密变化，再用499号彩铅画出肩带的固有色。

步骤九▶画出连衣裙的颜色表现，根据确定好的条纹轮廓线条，再用470号彩铅画出条纹面料的底色，用473号彩铅加深刻画条纹面料的颜色。

步骤十▶先用473号彩铅画出手提包带的固有色，应注意加深暗面颜色，再用445号彩铅画出上下边拼接的固有色。

步骤十一▶继续画出手提包的固有色，用483号彩铅画出手提包中间部分的颜色，再用499号彩铅画出手提包上的字母图案颜色。

步骤十二▶画出鞋子的颜色，用824号彩铅和813号彩铅画出鞋带的固有色，再用499号彩铅画出鞋底的固有色，用白色高光笔点缀出鞋子上面的白色圆点图案。

4.6 针织面料

案例表现的是一款中长款的针织上衣。上衣采用大V领、落肩、束口袖子的造型设计，再搭配一款浅色、透明薄纱半裙和暗色系的短靴，整体服装给人带来一种休闲与时尚结合的视觉效果。在绘制针织面料的颜色表现时，要先画出明暗颜色的变化再刻画面料的细节。

绘画工具

1. 施德楼自动铅笔。
2. 施德楼橡皮擦。
3. 辉柏嘉彩铅。
4. 白色高光笔。

绘制要点

1. 针织面料的线条绘制。
2. 透明薄纱裙的颜色处理。

绘画颜色

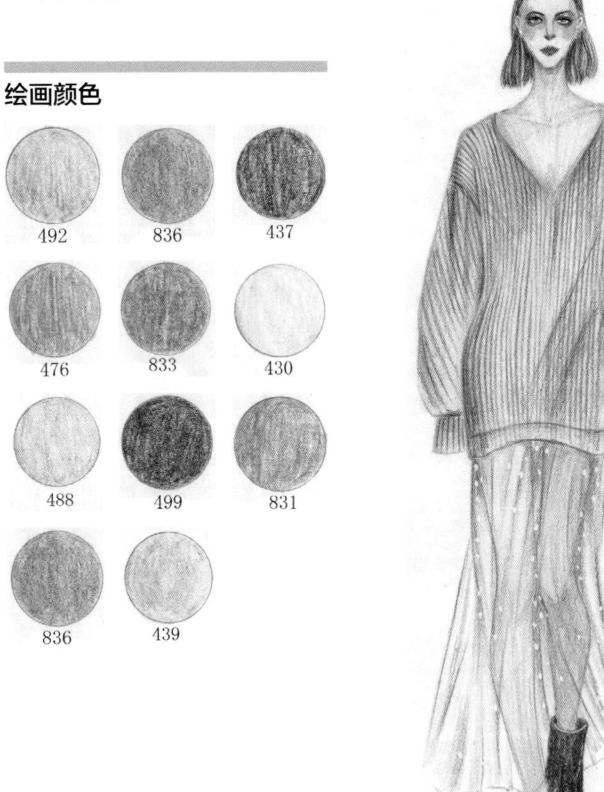

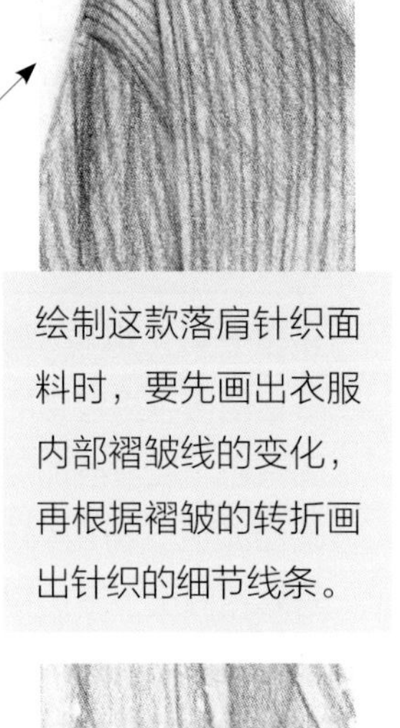

绘制这款落肩针织面料时，要先画出衣服内部褶皱线的变化，再根据褶皱的转折画出针织的细节线条。

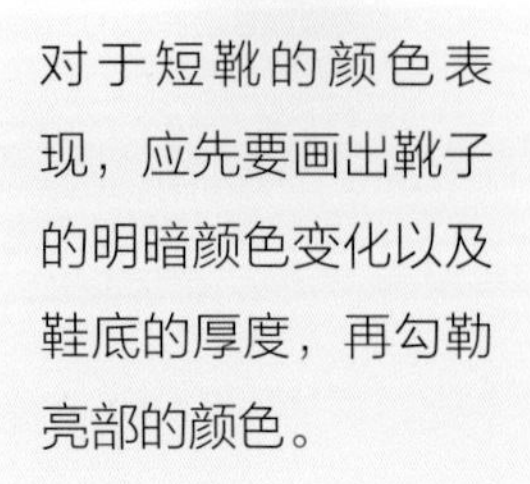

对于短靴的颜色表现，应先要画出靴子的明暗颜色变化以及鞋底的厚度，再勾勒亮部的颜色。

步骤一 ▶ 先画出人体的动态表现，注意两手臂的摆动，再确定出面部五官的轮廓线条以及头发的造型；再根据人体走动产生的动态，画出针织上衣的外轮廓线条，再画出内部的落肩以及褶皱线，最后画出鞋子的造型。

步骤二 ▶ 再用彩铅加深人体和服装的轮廓线条，先用492号彩铅画出人体的轮廓线条，再用836号彩铅画出面部五官、头发丝、针织上衣以及短靴的轮廓线条，最后再用437号彩铅画出半裙的轮廓。

步骤三 ▶ 绘制头发的颜色表现。先用476号彩铅画出头发的底色，注意头顶位置的亮部颜色直接留白，再用833号彩铅加深头发的暗部颜色，增加头发的层次感。

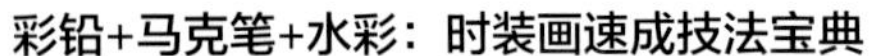

步骤四 ▶ 画出皮肤的底色，用430号彩铅加深皮肤的暗部位置，注意用笔的轻重变化，加深眼窝、眼尾、鼻梁、鼻底、脖子以及腿部的暗面颜色。

步骤五 ▶ 继续画出皮肤的颜色，再次用430号彩铅平铺整个皮肤的底色，用488号彩铅加深额头、眼窝、眼尾、鼻梁、鼻底、面颊、脖子以及腿部的暗面颜色。

步骤六 ▶ 画出面部妆容的颜色。先用499号彩铅加深眼睛的外轮廓颜色以及眉毛的颜色，再用833号彩铅画出眼珠的颜色，用831号彩铅画出眼窝、眼尾以及面颊的颜色，并再次画出眼尾眼影的颜色，用813号彩铅画出嘴唇的固有色。

步骤七 ▶ 先画出针织上衣的底色，用836号彩铅平铺画出针织上衣的底色，应注意用笔的轻重变化。

步骤八 ▶ 继续画出针织上衣的暗面颜色，先用836号彩铅勾勒出衣服内部的褶皱线条，再画出褶皱线位置的暗部颜色表现。

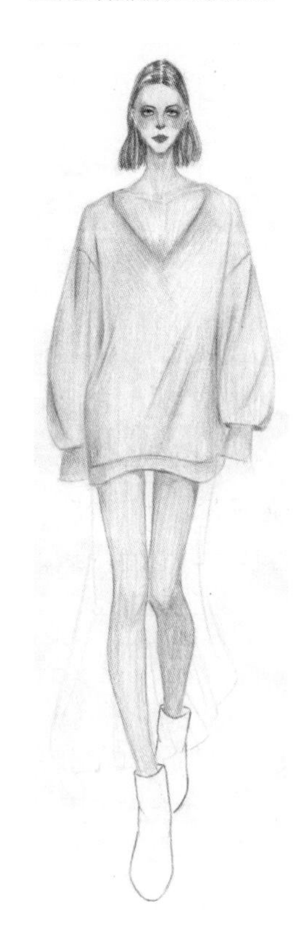

步骤九 ▶ 在上一步画好的明暗颜色的基础上，画出针织上衣的质感，用499号彩铅根据衣身以及衣袖的变化，画出具有变化的针织质感线条。

步骤十 ▶ 画出短靴的颜色表现，先用476号彩铅画出鞋子的底色，再用833号彩铅画出鞋子的暗部颜色表现。

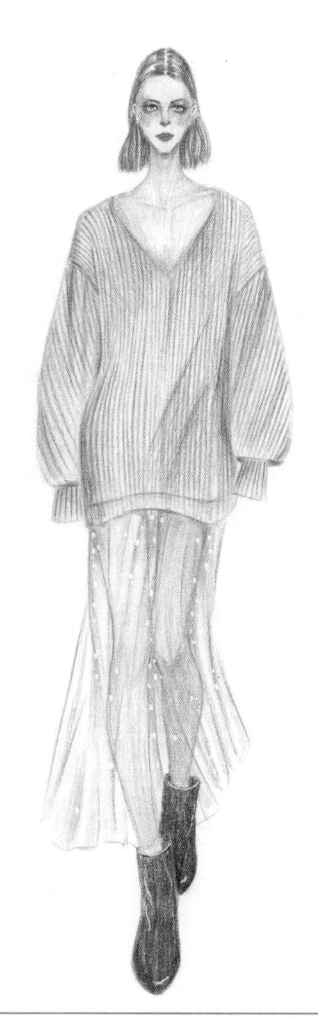

步骤十一 ▶ 画出半裙的颜色，绘制透明薄纱的面料时，只需要加深暗面颜色，用439号彩铅画出半裙的暗面颜色，再用白色高光笔画出半裙的高光。

4.7 皮草面料

案例所表现的是一款红色皮草面料外套。这款外套采用长袖、开门襟的造型设计，搭配同色系的V领长款连衣裙，在整体画面视觉方面增加了丰富的浪漫女性气息。绘制皮草面料的颜色质感表现时，要注意刻画皮草毛的线条以及暗面的颜色。

绘画工具

1. 施德楼自动铅笔。
2. 施德楼橡皮擦。
3. 辉柏嘉彩铅。
4. 白色高光笔。

绘制要点

1. 皮草外套的面料质感表现。
2. 长发的颜色处理。

绘画颜色

步骤一 ▶ 根据画好的人体动态轮廓线条，画出面部五官以及头发的轮廓线条，再画出内搭连衣裙的外轮廓线条，再画出皮草外套的轮廓以及鞋子的轮廓，最后勾勒暗部位置皮草毛的线条。

步骤二 ▶ 用彩铅画出整体的外轮廓线条，先用492号彩铅画出人体的轮廓线条，再用499号彩铅画出面部五官和鞋子的轮廓线条，用833号彩铅画出头发丝的轮廓线条，再用435号彩铅画出连衣裙的轮廓线条，最后用814号彩铅画出皮草毛的线条。

步骤三 ▶ 画出皮肤的暗部颜色，用430号彩铅加深眼头、眼尾、比例、脖子、手和腿部的暗部颜色。

步骤四 ▶ 再用430号彩铅平铺画出皮肤的底色，用488号彩铅加深额头、眼头、眼尾、鼻梁、鼻底、脖子、手以及腿部的暗部颜色表现。

步骤五 ▶ 画出头发的颜色表现，用804号彩铅画出头发的底色，注意亮面头发直接留白处理；再用483号彩铅加深头发的暗部颜色，再次用478号彩铅加深脖子位置的暗面。

步骤六 ▶ 用836号彩铅画出眼珠的颜色，再用831号彩铅画出面颊的腮红颜色，用483号彩铅和813号彩铅画出眼影的颜色，最后再用813号彩铅画出嘴唇的固有色。

步骤七 ▶ 画出连衣裙的颜色，用434号彩铅平铺画出连衣裙的底色，再用434号彩铅再次加深连衣裙内部褶皱线位置的暗部颜色。

步骤八 ▶ 继续加深裙子的颜色表现，用435号彩铅继续加深连衣裙的暗面颜色，注意要着重强调衣领位置的暗面颜色。

步骤九 ▶ 绘制皮草外套的底色，用839号彩铅平铺画出皮草外套的底色，再用814号彩铅加深暗部皮草毛的线条。

步骤十 ▶ 继续加深皮草外套的颜色，用814号彩铅加深外套的底色，再次加深暗部的颜色表现，应注意皮草毛转折变化的绘制。

步骤十一 ▶ 再次用814号彩铅加深皮草外套的暗部，增强层次感，用499号彩铅画出腰带的固有色以及纽扣的颜色，再用白色高光笔点缀出白色图案，

步骤十二 ▶ 画出鞋子的颜色，用499号彩铅平铺画出鞋子的固有色，再用白色高光笔画出鞋子上面的图案颜色。

4.8 彩铅范例

第5章

马克笔时装面料表现技法

马克笔手绘工具是时装画中比较常用的一种，原因在于马克笔使用快速便捷、色彩透明度高，能够更快、更好地展示整体的服装效果。根据马克笔笔触不同的力度和速度，在运用马克笔的笔触来表现面料质感效果时，要注意对笔触的控制，通过多种上色方法以及不同的运笔方式来达到不同的时装面料质感；同样，由于马克笔工具绘制速度快，也没有太多修改的余地，要更加熟练地掌握该技法。

5.1 薄纱面料

案例表现的是两种颜色拼接的薄纱连衣裙。这款连衣裙采用连肩披风、V领交叉、大裙摆的造型进行设计，面料采用暗灰色和黄色系的两种颜色进行拼接设计；在整体服装效果方面，既能展现上半部分裙子的厚重感，也能更好地展现裙摆的飘逸效果。

绘画工具

1. 施德楼自动铅笔。
2. 施德楼橡皮擦。
3. 千彩乐软头马克笔。
4. 吴竹黑色毛笔。
5. 吴竹棕色毛笔。
6. 吴竹黑色勾线笔。
7. COPIC棕色勾线笔。
8. 白色高光笔。

绘画颜色

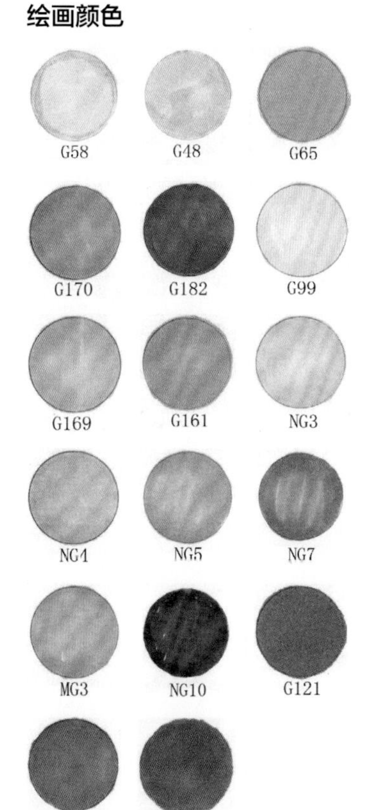

绘制要点

1. 表现出面部妆容的重点。
2. 薄纱面料摆动的线条处理。

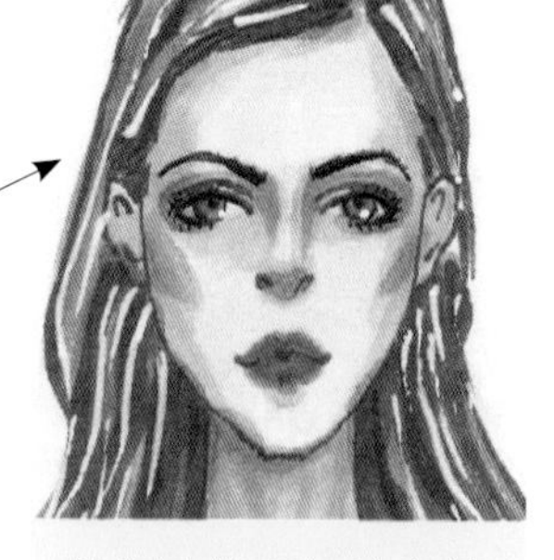

绘制人物面部妆容特点时，要注意强调眼部的妆容颜色；对其他部位的妆容要简单处理，增加面部的对比效果。

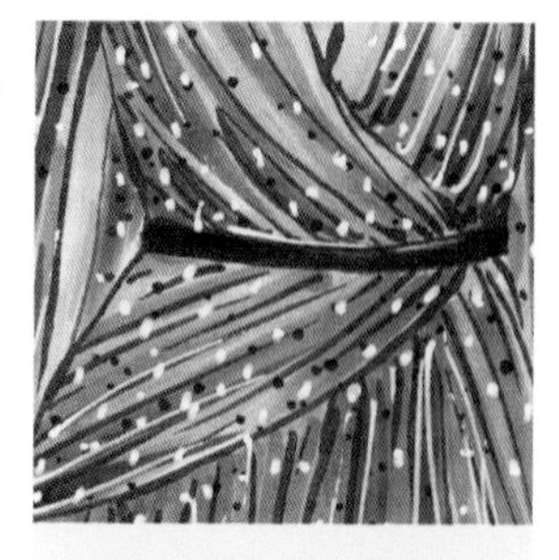

绘制薄纱裙的颜色质感表现时，首先要绘制出裙子的固有色，亮部注意留白处理，增强薄纱面料的通透质感特点。

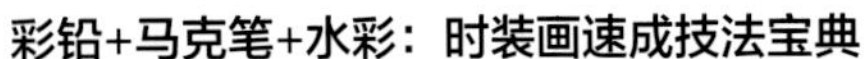

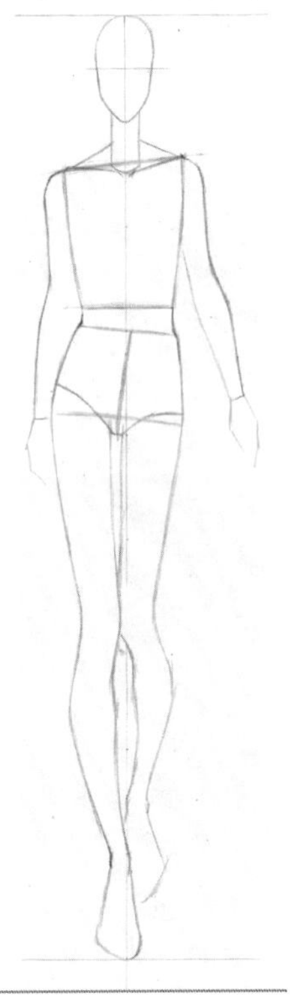

步骤一 ▶ 先用铅笔画出一条中心线，再画出头顶和脚部的最高点和最低点的线条，然后九等分平均划分出来；画出头部的外轮廓线条，再画出人体走动时胸腔和盆腔的体块线条，最后画出手臂摆动和腿部的线条。

步骤二 ▶ 根据“三庭五眼”的原则，先确定出五官的位置，在确定好的位置上面，勾勒出五官的轮廓线条；应注意眉头和鼻梁之间的连接线条绘制时，对于确定出头发的发际线位置，画出头发的轮廓线条以及内部头发丝的线条。

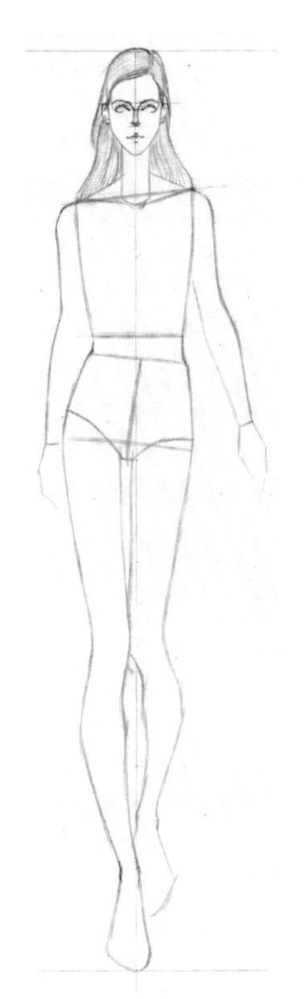

步骤三 ▶ 根据上一步骤画好的人体动态线条，画出连衣裙的整体轮廓线条，先用铅笔确定出领部、腰部以及裙摆的位置，再画出连衣裙的外轮廓线条，注意肩部披风与手臂之间的穿插变化，最后勾勒出裙摆内部的细致线条。

步骤四 ▶ 在画好的时装线稿草图上面，用COPIC棕色勾线笔勾勒出人体的轮廓线条以及面部五官的线条，再用吴竹棕色毛笔勾勒出头发丝的线条；应注意绘制头发的线条时，用笔要注意转折变化，再用吴竹黑色毛笔勾勒出薄纱连衣裙的整体轮廓线条表现。

步骤五 ▶ 画出皮肤的颜色表现。先用G58号色马克笔平铺画出皮肤的底色，再用G48号色马克笔加深眼头、眼尾、脖子和手臂的暗部颜色；绘制暗部颜色时用笔要快速，不能连续来回上色，再用G65号色马克笔继续加深眼头、鼻底、眼尾、脖子的暗部颜色。

步骤六 ▶ 绘制头发的颜色表现。先用G170号色马克笔平涂画出头发的固有色，再用G182号色马克笔加深发尾、头顶和脖子位置头发的暗面，最后用白色高光笔画出头发的高光。

步骤七 ▶ 绘制连衣裙的暗灰色的颜色部位，用NG3号色马克笔画出暗灰色面料的底色，注意用笔的转折要根据褶皱线的转折进行上色。

步骤八 ▶ 画出连衣裙黄色部位的颜色，用G99号色马克笔画出黄色面料的颜色；绘制裙摆位置的颜色时，用笔要注意转折变化。

步骤九 ▶ 继续加深薄纱连衣裙暗灰色面料的颜色，先用NG4号色马克笔继续画出暗灰色面料的颜色，再用NG5号色马克笔画出暗灰色面料的暗部颜色。

步骤十 ▶ 继续加深黄色面料的颜色，绘制黄色部分面料的颜色时，可以加入其他颜色，丰富面料的层次感；用G169号色马克笔加深黄色面料部分的暗面颜色，再用G161号色马克笔在黄色面料上勾勒一些颜色表现。

步骤十一 ▶ 再次加深整体连衣裙的暗部颜色，增强薄纱面料的质感对比效果；用NG7号色马克笔加深暗灰色面料的褶皱位置的颜色，再用MG3号色马克笔加深黄色面料的暗部。

步骤十二 ▶ 画出薄纱连衣裙上面的圆点图案，用NG10号色马克笔点缀出肩部披风、整体裙身的圆点，绘制圆点图案时应注意大小虚实的变化绘制。

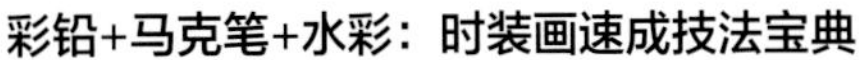

步骤十三▶ 画出面部妆容的颜色表现。先用吴竹黑色毛笔画出眼睛的轮廓线条，再用G121号色马克笔画出眼珠的颜色，再用NG3号色马克笔画出眼影的颜色表现，用72号色马克笔画出面颊腮红和嘴唇的颜色，最红处用G80号色马克笔加深嘴唇的颜色。

步骤十四▶ 用白色高光笔继续点缀薄纱连衣裙的圆点图案，应注意从上而下疏密变化。

5.2 牛仔面料

案例表现的是一款深色背带牛仔裤的款式。这款牛仔裤采用贴袋、裤脚拼色的造型设计，搭配一款浅色系的T恤以丰富画面的视觉效果。绘制牛仔裤的颜色时，应注意腰部以下裤腿颜色的转折处理，根据裤子内部褶皱线条的位置画出明暗颜色变化。

绘画工具

1. 施德楼自动铅笔。
2. 施德楼橡皮擦。
3. 千彩乐软头马克笔。
4. 吴竹黑色毛笔。
5. 吴竹棕色毛笔。
6. 吴竹黑色勾线笔。
7. COPIC棕色勾线笔。
8. 白色高光笔。

绘画颜色

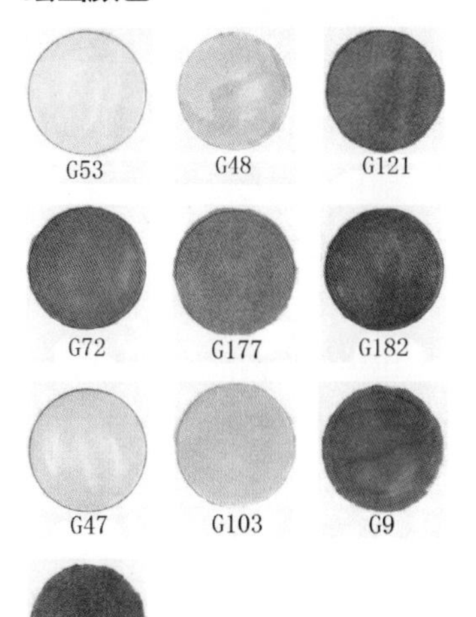

绘制要点

1. 牛仔裤的面料质感表现。
2. 腿部走动的前后关系变化。

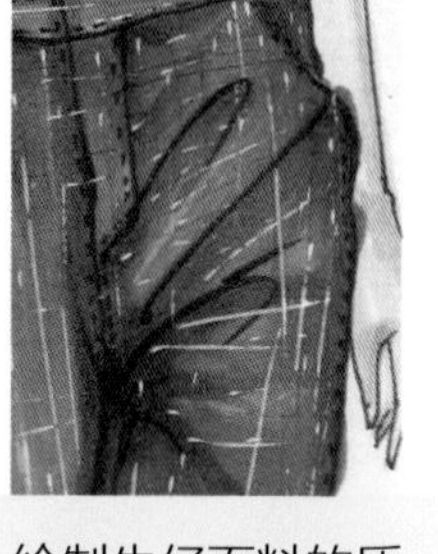

绘制牛仔面料的质感表现时，要先画出牛仔面料的明暗颜色变化以及褶皱位置的颜色变化，最后勾勒出面料表面的颗粒质感。

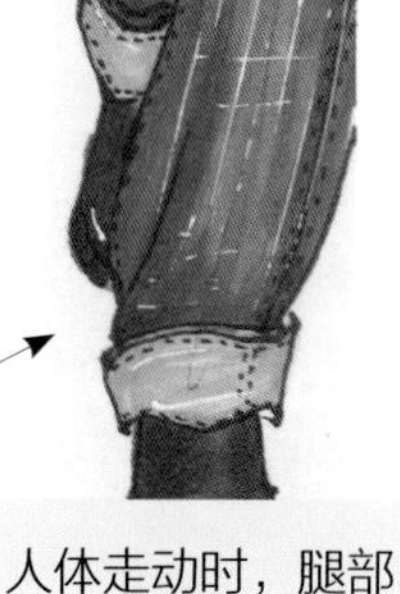

人体走动时，腿部会产生一个前后空间关系，绘制走动的人体着装颜色时，应注意近大远小的空间变化。

步骤一▶先画出一条中心线，在九等分平分的横线处，画出头部的轮廓形状；再确定出面部五官的位置，刻画出面部五官的轮廓线条；在画好的头部轮廓上面，勾勒出头发丝的线条表现，最后画出胸腔和盆腔的位置线条。

步骤二▶根据上一步确定好的胸腔和盆腔的位置，画出胸腔和盆腔的体块线条，再画出腿部走动的线条，注意腿部之间的前后空间变化，再勾勒出手臂的轮廓线条表现。

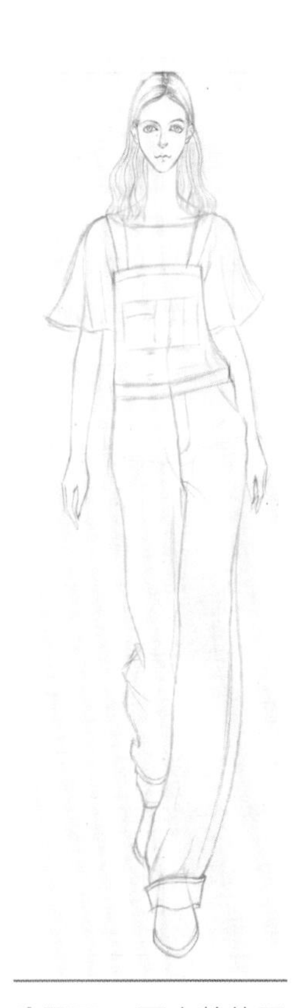

步骤三▶画出整体服装的线条表现。先确定出T恤袖子、背带牛仔裤的背带条、腰部和裤腿的位置，再勾勒出整体服装的外部轮廓线条，最后画出牛仔裤内部的褶皱线条和装饰口袋的位置。

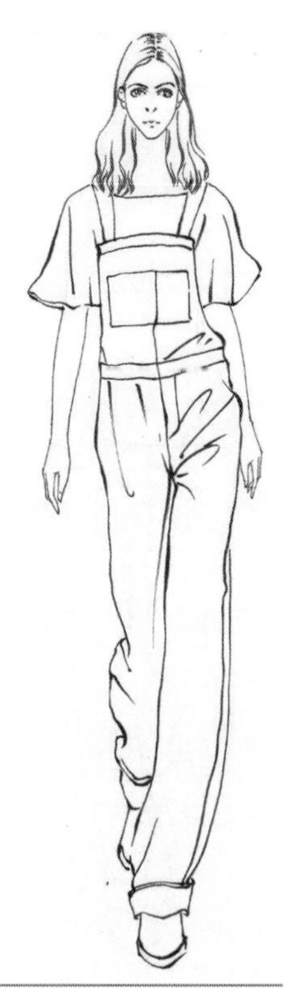

步骤四 ▶ 用吴竹黑色勾线画出人体的轮廓线条和五官的线条表现，再用吴竹棕色毛笔画出头发的轮廓线条，最后用吴竹黑色毛笔画出T恤、背带牛仔裤和鞋子的轮廓线条。

步骤五 ▶ 用G53号色马克笔平铺画出皮肤的底色，再继续用G53号色马克笔加深眼窝、眼尾、鼻底、脖子和手臂的暗面。

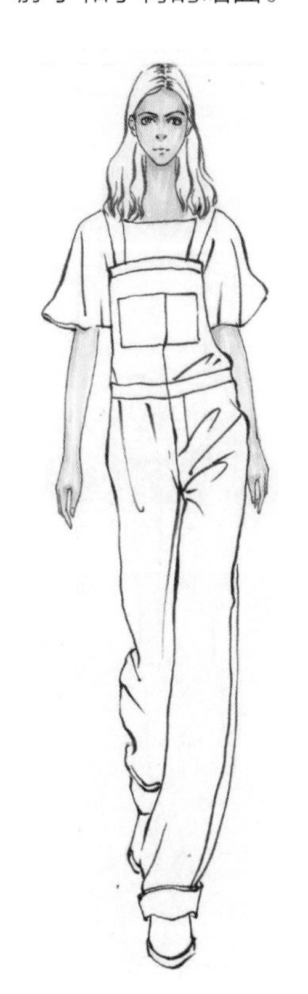

步骤六 ▶ 继续加深皮肤的暗部颜色，用G48号色马克笔加深额头、眼窝、眼尾、鼻底、脖子和手臂的暗部颜色，增强皮肤颜色的明暗对比。

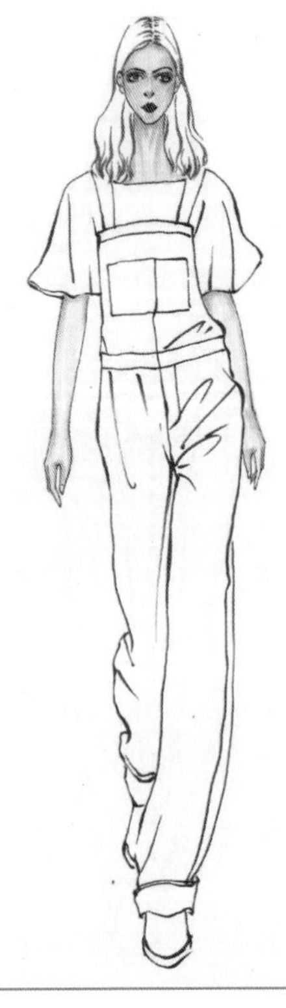

步骤七▶画出面部的妆容颜色，用吴竹黑色毛笔加深眼睛的轮廓线条，再用G121号色马克笔画出眼珠的颜色，用G72号色马克笔画出眼影的颜色和嘴唇的固有色。

步骤八▶画出头发的颜色表现，用G177号色马克笔平铺画出头发的底色，亮部位置直接留白处理，再用G182号色马克笔加深头发的暗部颜色。

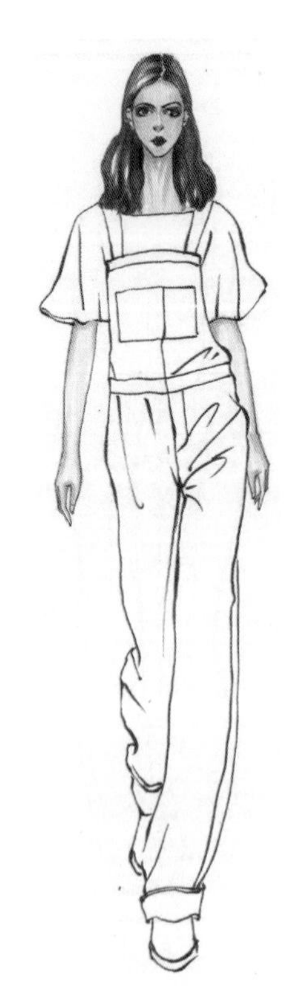

步骤九▶继续绘制头发的颜色，用G182号色马克笔继续加深脖子位置的暗部颜色，再用COPIC棕色针管笔画出头发的发丝线条，最后用白色高光笔勾勒头发的亮部。

步骤十 ▶ 画出T恤的固有色表现，用G47号色马克笔画出T恤的底色，再次用G47号色马克笔加深褶皱位置的颜色，再用G103号色马克笔继续加深褶皱线位置的颜色。

步骤十一 ▶ 画出背带牛仔裤的固有色，用G9号色马克笔平涂画出背带裤上半身的颜色，再根据裤腿的转折变化画出裤腿的颜色，应注意用笔的流畅。

步骤十二 ▶ 用G121号色马克笔加深背带裤的暗部颜色，应注意肩带、上半身贴袋、裤腿褶皱线位置的暗部颜色绘制。

步骤十三 ▶ 继续加深背带裤的固有色，用G9号色马克笔先加深一次裤子的暗部颜色，再用平涂的方式加深整个背带裤的固有色。

步骤十四 ▶ 画出背带牛仔裤的内部细节，用吴竹黑色针管笔画出背带条扣子的颜色，再点缀出贴袋、腰部、口袋和裤脚位置的线迹表现。

步骤十五 ▶ 用NG8号色马克笔平铺画出鞋子的底色，再次加深鞋底的颜色，再用白色高光笔画出牛仔裤表面的颗粒质感。

5.3 格纹面料

案例表现的是一款格子外套。这款外套运用翻领、双层小格子，辅以颜色叠加的设计表现，搭配一款深色系的腰带装饰，可以更加丰富外套的视觉效果；绘制格纹面料的颜色时，要注意格纹的底色以及深色和亮部的颜色区分以更好地突出格纹面料的质感。

绘画工具

1. 施德楼自动铅笔。
2. 施德楼橡皮擦。
3. 千彩乐软头马克笔。
4. 吴竹黑色毛笔。
5. 吴竹棕色毛笔。
6. 吴竹黑色勾线笔。
7. COPIC棕色勾线笔。
8. 白色高光笔。

绘画颜色

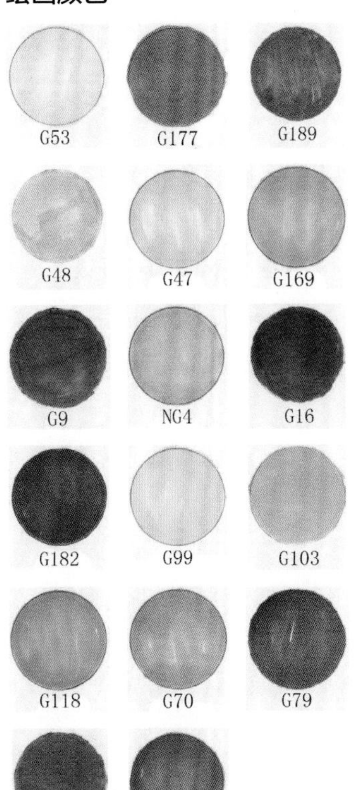

绘制要点

1. 格纹面料的质感表现。
2. 面部妆容缝纫绘制。

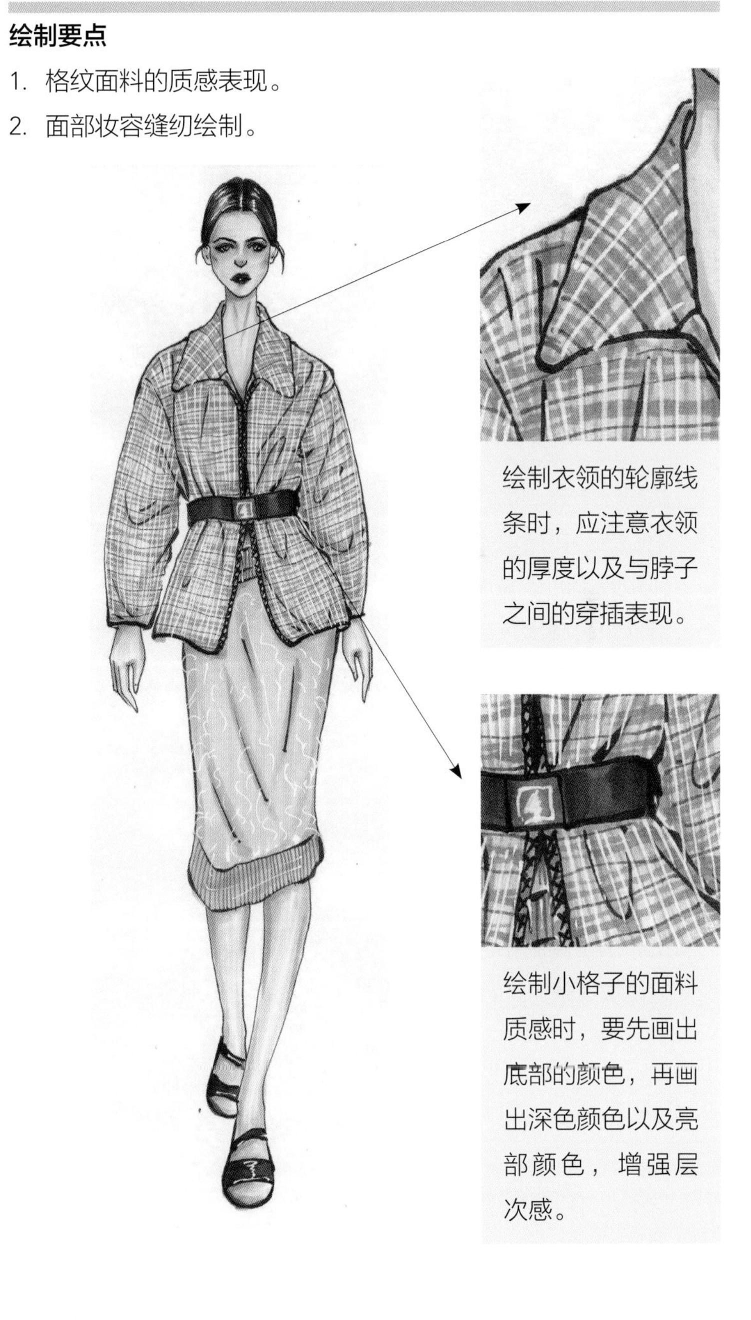

绘制衣领的轮廓线条时，应注意衣领的厚度以及与脖子之间的穿插表现。

绘制小格子的面料质感时，要先画出底部的颜色，再画出深色颜色以及亮部颜色，增强层次感。

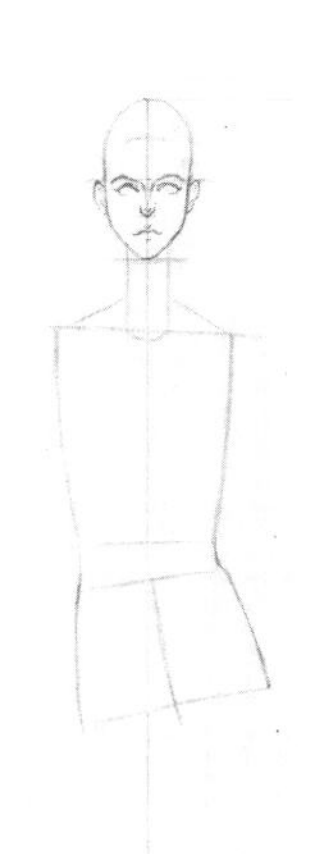

步骤一 ▶ 先画出一条中心线，再确定出头部和腿部的最高点和最低点，画出头部的外轮廓形状；再确定出五官的位置，仔细勾勒出五官的轮廓线条，注意眉毛与鼻梁连接线条的绘制；再确定出发际线的位置，画出胸腔和盆腔的体块线条。

步骤二 ▶ 根据上一步确定好的发际线位置，画出头发的轮廓线条以及耳朵位置发丝的处理；再根据胸腔和盆腔的摆动，画出腿部和手臂的轮廓线条。

步骤三 ▶ 在画好的人体动态上面，画出服装款式的特点。先画出领子的细节线条，再画出肩部、衣身以及腰带的轮廓线条，再画出衣袖的轮廓线条，最后画出半裙和鞋子的轮廓线条。

步骤四 ▶ 用吴竹黑色勾线笔画出人体的轮廓线条以及面部五官的线条，再用吴竹黑色毛笔先勾勒出头发的线条，再画出外套、半裙和鞋子的轮廓线条，最后勾勒出外套内部的褶皱线。

步骤五 ▶ 用G53号色马克笔平铺画出皮肤的底色，再用G53号色马克笔加深眼部、鼻子、脖子、手和腿部的暗面。

步骤六 ▶ 画出头发的颜色，用G177号色马克笔画出头发的固有色，亮部直接留白，再用G189号色马克笔加深头发的暗部。

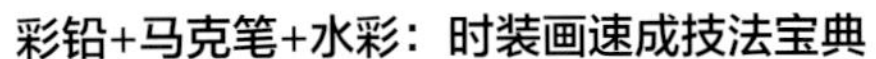

步骤七▶继续加深皮肤的暗部，用G48号色马克笔加深额头、眼窝、鼻梁、脖子、手和腿部的暗部颜色。

步骤八▶用G47号色马克笔平铺画出外套的底色，再用G169号色马克笔加深外套内部褶皱位置的暗部颜色。

步骤九▶用G9号色马克笔勾勒出格纹底部的颜色，应注意褶皱线位置线条的转折变化。

步骤十 ▶ 再用NG4号色马克笔勾勒画出横条格纹的颜色，应注意线条的虚实变化。

步骤十一 ▶ 再用G16号色马克笔勾勒格纹表面的深色颜色，再用G182号色和NG4号色马克笔画出腰带的固有色。

步骤十二 ▶ 画出半裙的颜色，用G99号色马克笔平铺半裙的底色，再用G103号色马克笔加深半裙的暗部颜色，再用G169号色马克笔勾勒出半裙边的细节。

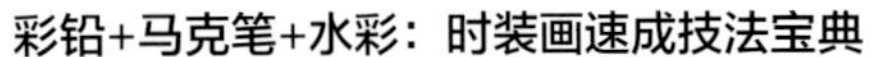

步骤十三 ▶ 画出面部妆容的颜色，先用吴竹黑色毛笔勾勒眼睛的轮廓线条，再用G118号色马克笔画出眼珠的颜色，用G70号色马克笔画出眼影和腮红的颜色，最后用G79号色马克笔画出嘴唇的固有色。

步骤十四 ▶ 用NG8号色马克笔画出鞋子的固有色，再用NG8号色马克笔和G184号色马克笔加深腰带的暗部。

步骤十五 ▶ 用白色高光笔画出外套的高光表现，再勾勒出半裙内部的细节，最后画出鞋子的高光。

5.4 波点面料

案例表现的是波点图案面料的蛋糕半裙。这款裙子采用三层叠褶的造型设计，运用黑白图案波点面料进行设计，再搭配同色系的吊带短款上衣，给整体服装带来一种浪漫的视觉效果。在绘制波点图案时，要根据内部褶皱的变化，绘制出大小不一、虚实变化的波点图案。

绘画工具

1. 施德楼自动铅笔。
2. 施德楼橡皮擦。
3. 千彩乐软头马克笔。
4. 吴竹黑色毛笔。
5. 吴竹棕色毛笔。
6. 吴竹黑色勾线笔。
7. COPIC棕色勾线笔。
8. 白色高光笔。

绘制要点

1. 头发的颜色绘制。
2. 裙摆与腿部之间的变化处理。

绘画颜色

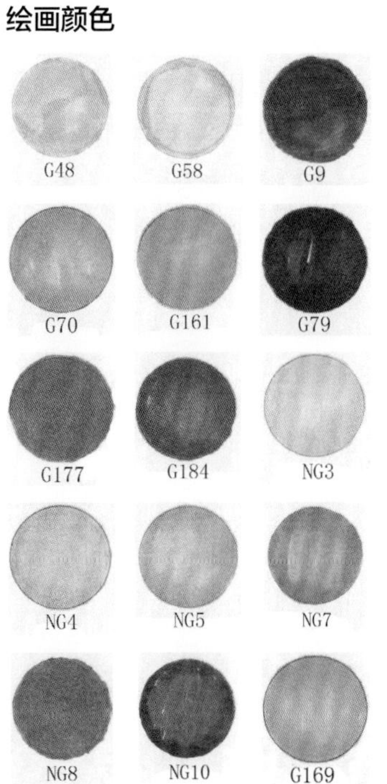

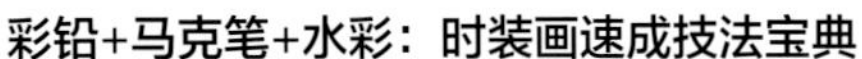

步骤一 ▶ 先画出人体走动的轮廓线条，再确定面部五官和头发的轮廓线条，再画出短款吊带上衣的造型特点，最后画出蛋糕半裙和鞋子的轮廓线条以及半裙内部层叠的褶皱线条。

步骤二 ▶ 用吴竹黑色针管笔勾勒出皮肤的轮廓线条以及面部五官的轮廓线条，再用吴竹黑色毛笔画出头发的轮廓线条、耳环、项链的线条，最后勾勒出整体服装和鞋子的线条表现。

步骤三 ▶ 画出皮肤的暗部，用G48号色马克笔画出额头、眼窝、鼻梁、鼻底、面颊、脖子、手臂和腿部的暗部颜色。

步骤四 ▶ 用G58号色马克笔平铺画出皮肤的底色，再用G58号色马克笔再次加深眼窝、眼尾、鼻底、脖子、手臂和腿部的暗部颜色。

步骤五 ▶ 画出面部妆容的颜色，用吴竹黑色毛笔勾勒眼睛的轮廓，再用G9号色马克笔画出眼珠的颜色，用G70号色马克笔和G161号色马克笔画出眼影的颜色表现，最后用G79号色马克笔画出嘴唇的颜色。

步骤六 ▶ 用G177号色马克笔画出头发底色，亮部直接留白处理，再用G184号色马克笔加深头发的暗部，尤其是头顶的暗部颜色。

步骤七 ▶ 用NG4号色马克笔画出吊带短上衣的底色，再用NG5号色马克笔加深吊带短上衣的暗部颜色表现。

步骤八 ▶ 再次加深吊带短上衣的暗部，用NG7号色马克笔加深吊带短上衣的暗部，再用NG10号色马克笔勾勒衣服内部的细节。

步骤九 ▶ 画出白色半裙暗部以及褶皱的阴影，用NG3号色马克笔加深腰部的暗面，再加深三层褶皱的阴影颜色。

步骤十 ▶ 用G169号色马克笔画出耳环和项链的颜色，再用NG10号色马克笔画出半裙腰部位置的波点图案。

步骤十一 ▶ 继续刻画三层褶皱位置的波点图案，用NG10号色马克笔勾勒出褶皱裙摆位置的波点图案，应注意根据褶皱摆动的方向画出波点图案。

步骤十二 ▶ 用NG8号色马克笔画出鞋子的固有色表现，再用白色高光笔勾勒吊带短上衣内部的细节表现，最后画出半裙和鞋子的高光。

5.5 针织面料

案例表现的是一款小高领、长袖款式的针织上衣，搭配一款军绿色系的短裤、黑色的中筒靴、亮色的手提包，给灰色系的针织上衣增添了颜色的层次效果。在绘制针织面料的颜色质感表现时，要注意针织面料表现的纹理特点。

绘画工具

1. 施德楼自动铅笔。
2. 施德楼橡皮擦。
3. 千彩乐软头马克笔。
4. 吴竹黑色毛笔。
5. 吴竹棕色毛笔。
6. 吴竹黑色勾线笔。
7. COPIC棕色勾线笔。
8. 白色高光笔。

绘画颜色

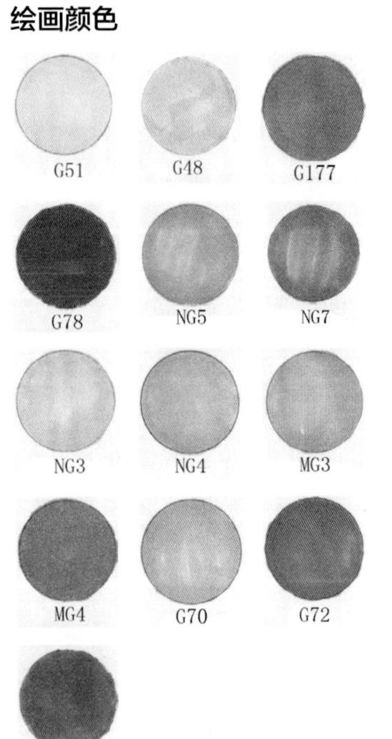

绘制要点

1. 针织面料的颜色绘制。
2. 短裤与腿部之间的前后变化。

绘制前额位置的头发丝线条时，注意头发与面部之间的遮挡关系。

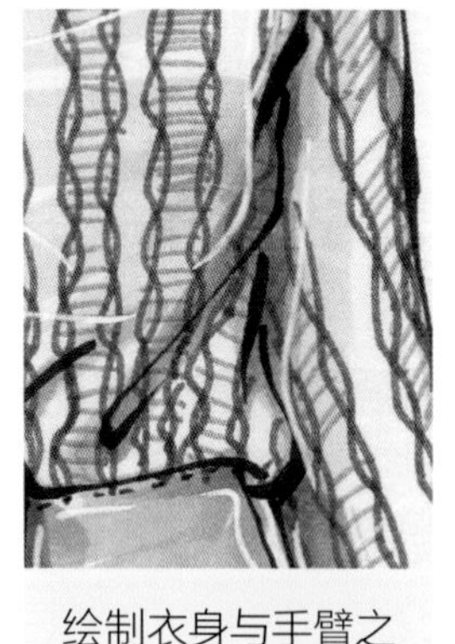

绘制衣身与手臂之间的轮廓线条时，应注意衣身与手臂轮廓线条之间的前后变化以及褶皱线的绘制。

步骤一 ▶ 根据画好的人体动态轮廓线条，先确定出上衣的衣领、衣袖以及衣身的长度，再画出短裤的外轮廓线条，再确定出手提包和短靴的轮廓线条。

步骤二 ▶ 用吴竹黑色针管笔勾勒出人体的外轮廓线条和面部五官的轮廓线条，再用吴竹黑色毛笔画出头发的线条，再画出上衣和短裤的线条，应注意衣服内部褶皱线的变化，最后勾勒出手提包和鞋子的轮廓。

步骤三 ▶ 用G51号色马克笔平铺画出皮肤的底色，填满整个皮肤的颜色，再次用G51号色马克笔加深面部五官和脖子的暗面。

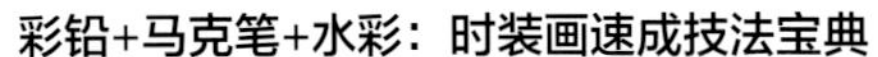

步骤四 ▶ 继续加深皮肤的暗面，增加皮肤颜色的层次感，用G48号色马克笔加深眼窝、眼尾、鼻底、脖子、手和腿部的暗部颜色。

步骤五 ▶ 画出面部妆容的颜色，先用吴竹黑色毛笔加深眼睛的外轮廓线条，再用G177号色马克笔画出眼珠的颜色，并且画出眼尾眼影的颜色，用G78号色马克笔画出嘴唇的颜色。

步骤六 ▶ 绘制头发的颜色。用NG5号色马克笔沿着头发丝线条的转折画出头发的固有色，头发亮面直接留白处理，再用NG7号色马克笔加深头顶和脖子位置的暗面。

步骤七 ▶ 用NG3号色马克笔画出上衣的暗面颜色，注意这款衣服的底色为白色，要加深暗面颜色，尤其是对于褶皱位置和手臂的暗部。

步骤八 ▶ 用NG4号色马克笔继续加深衣服的暗面，再用吴竹黑色毛笔画出衣领和袖口位置的细节。

步骤九 ▶ 绘制出针织面料的质感，用NG5号色马克笔先画出针织螺旋的线条，再画出针织面料内部的短横条线条。

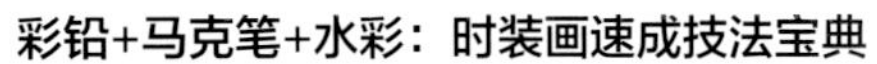

步骤十 ▶ 画出短裤的颜色，用MG3号色马克笔根据裤子转折的变化进行上色，应注意裤子内部褶皱线位置的上色处理。

步骤十一 ▶ 继续加深裤子的暗面，用MG4号色马克笔加深裤子的暗面颜色表现，再用吴竹黑色针管笔刻画出裤子内部的装饰线条。

步骤十二 ▶ 用G70号色马克笔平铺画出手提包的底色，用G72号色马克笔加深手提包的暗部，最后再用吴竹黑色针管笔画出手提包的装饰线条。

步骤十三▶ 画出鞋子的颜色表现，用NG7号色马克笔画出鞋子的固有色，鞋子中间的亮部直接留白处理，再用NG8号色马克笔加深鞋子的暗面。

步骤十四▶ 用白色针管笔先点缀出嘴巴的高光，再画出头发的高光效果，最后再画出针织上衣、裤子、手提包和鞋子的高光颜色。

5.6 豹纹面料

案例表现的是一款翻领、长袖、长款豹纹大衣。这款大衣面料选用的是常见的黄褐色豹纹图案面料，搭配一款浅色系的吊带连衣裙，能够更好地突出豹纹大衣的特点。在绘制豹纹的颜色表现时，先要画出衣服的明暗颜色变化，再画出豹纹内部丰富的颜色变化。

绘画工具

1. 施德楼自动铅笔。
2. 施德楼橡皮擦。
3. 千彩乐软头马克笔。
4. 吴竹黑色毛笔。
5. 吴竹棕色毛笔。
6. 吴竹黑色勾线笔。
7. COPIC棕色勾线笔。
8. 白色高光笔。

绘画颜色

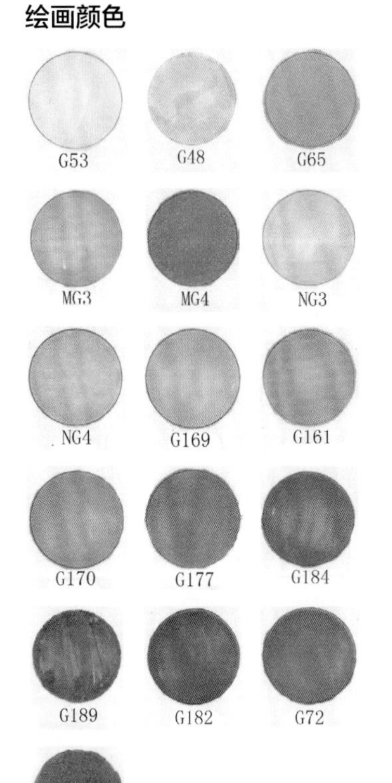

绘制要点

1. 豹纹面料的质感表现。
2. 腿部之间的前后空间变化。

步骤一 ▶ 先画出人体走动的动态表现，再确定出面部五官以及发型的造型；再画出内搭连衣裙的轮廓线条，应注意裙摆的线条表现，再画出大衣的轮廓线条和鞋子的线条。

步骤二 ▶ 用COPIC棕色针管笔画出人体的外轮廓线条和面部五官的轮廓线条，再用吴竹黑色毛笔勾勒出头发的轮廓，再画出大衣和连衣裙的轮廓新线条。

步骤三 ▶ 用G53号色马克笔平涂地画出皮肤的底色，应注意填满皮肤的底色，再次用G53号色马克笔加深眼窝和脖子的暗面。

步骤四 ▶ 用G48号色马克笔加深额头、眼窝、眼尾、鼻梁、鼻底、面颊、脖子、手和腿部的暗部颜色，再用G65号色马克笔继续加深眼窝、鼻底和脖子的暗部。

步骤五 ▶ 画出头发的颜色，用MG3号色马克笔画出头发的底色，亮面留白处理，再用MG4号色马克笔加深头发的暗部颜色表现。

步骤六 ▶ 用NG3号色马克笔画出内搭连衣裙的底色，用笔根据转折变化进行上色，再用NG4号色马克笔加深连衣裙内部褶皱线的暗面颜色。

步骤七 ▶ 先用NG4号色马克笔加深连衣裙摆的暗面，再用吴竹黑色毛笔画出裙摆蕾丝轮廓的细节线条表现，应注意绘制时的虚实线条变化。

步骤八 ▶ 用G169号色马克笔平涂地画出大衣的固有色，再用G161号色马克笔加深衣领、手臂和衣摆的暗面颜色，再用G170号色马克笔继续加深暗面。

步骤九 ▶ 画出豹纹面料的质感颜色。用G177号色马克笔画出豹纹图案颜色时，应注意豹纹图案的虚实变化。

步骤十 ▶ 继续用G184号色马克笔以打圈的方式画出豹纹图案的颜色，应注意打圈的大小变化。

步骤十一 ▶ 继续加深豹纹图案的颜色，用G189号色马克笔以画圆圈的方式圈住上一步画的圆点图案，丰富豹纹图案的层次感。

步骤十二 ▶ 用G182号色马克笔画出大衣表面的短毛线条表现，再用G177号色马克笔和NG4号色马克笔画出大衣内部的暗面颜色。

步骤十三 ▶ 画出面部妆容的颜色，用吴竹黑色毛笔加深眼睛的轮廓，再用G177号色马克笔画出眼珠和眼影的颜色，用G72号色马克笔画出面颊的腮红和嘴唇的颜色。

步骤十四 ▶ 用NG8号色马克笔画出鞋子的固有色，再用高光笔画出大衣的高光，画出连衣裙和鞋子的高光。

5.7 条纹面料

案例选择的是一款红色条纹的短些连衣裙。这款连衣裙采用单色系的红色长条纹面料进行设计，在绘制面料颜色时，要画出以底色、面料的本身颜色以及亮面颜色来增强服装的整体层次效果，再搭配同色系的手提包和鞋子，通过不同深浅的颜色变化来丰富画面的视觉效果。

绘画工具

1. 施德楼自动铅笔。
2. 施德楼橡皮擦。
3. 千彩乐软头马克笔。
4. 吴竹黑色毛笔。
5. 吴竹棕色毛笔。
6. 吴竹黑色勾线笔。
7. COPIC棕色勾线笔。
8. 白色高光笔。

绘画颜色

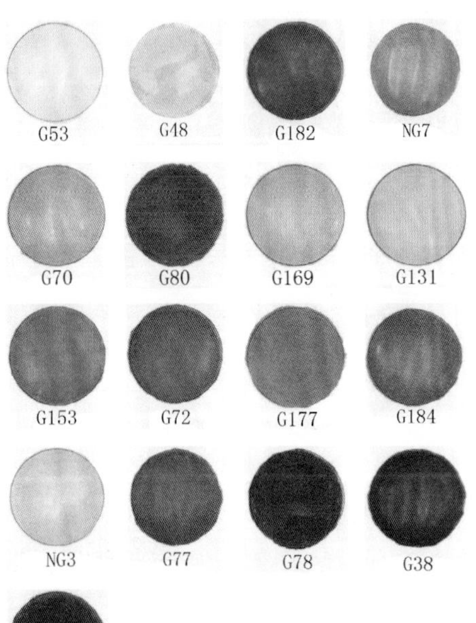

绘制要点

1. 面部妆容的特点。
2. 裙摆与腿部的前后转折变化。

绘制面部妆容的特点主要在于眼影和腮红的颜色表现，主要为颜色的协调。

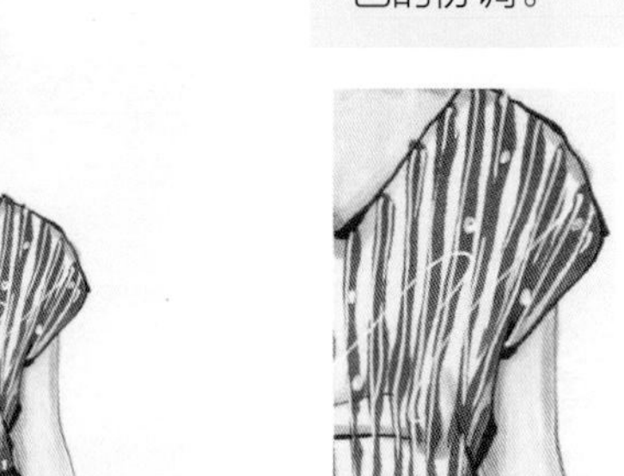

绘制条纹面料颜色时，应注意面料本身的颜色与褶皱位置的线条变化处理。

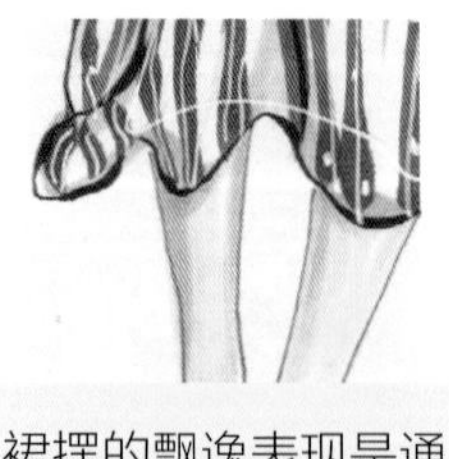

裙摆的飘逸表现是通过两腿走动时产生的，还要注意裙摆褶皱线条的绘制。

步骤一 ▶ 先画出人体走动时的轮廓线条，再刻画出面部五官、头发、头巾和耳环的轮廓线条，再画出连衣裙的轮廓线条；应注意裙摆的线条变化，再画出手提包和鞋子的轮廓线条。

步骤二 ▶ 在画好的草图上面，用COPIC棕色针管笔画出人体的外轮廓线条和面部五官的轮廓线条，再用吴竹黑色毛笔勾勒出头发、头巾、耳环、连衣裙、手提包和鞋子的轮廓线条。

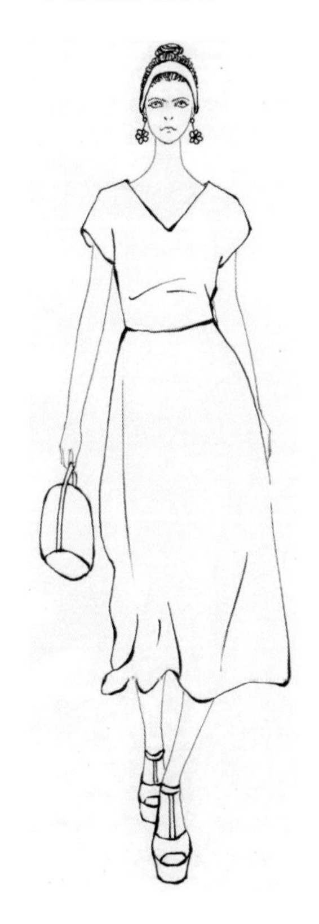

步骤三 ▶ 用G53号色马克笔用平铺的方式画出皮肤的底色，再继续用G53号色马克笔加深眼窝、鼻底、脖子的暗面。

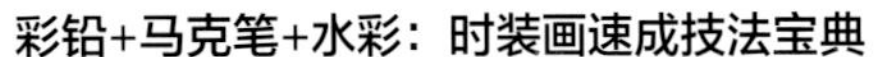

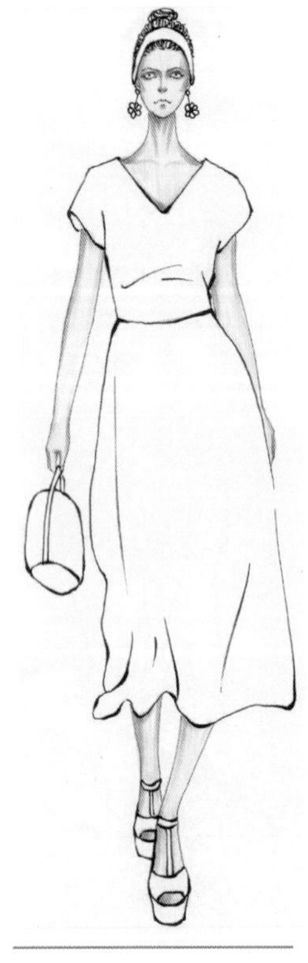

步骤四 ▶ 继续加深皮肤的暗面，用G48号色马克笔加深额头、眼窝、眼尾、鼻梁、鼻底、脖子、手臂和腿部的暗面。

步骤五 ▶ 画出面部妆容的特点，先用吴竹黑色毛笔画出眼睛的轮廓，用G182号色马克笔画出眉毛的颜色；再用NG7号色马克笔画出眼珠的颜色，用G169号色马克笔画出眼尾位置眼影的颜色表现，用G70号色马克笔画出腮红的特点，最后用G80号色马克笔画出嘴唇的颜色。

步骤六 ▶ 用G169号色马克笔画出头巾的底色，用G131号色马克笔和G153号色马克笔画出头巾的图案，再用G72号色马克笔画出耳环的颜色。

步骤七 ▶ 画出头发的颜色，用G177号色马克笔画出头发的底色，再用G184号色马克笔加深头发的暗部颜色。

步骤八 ▶ 画出裙子内部的底色，主要在于加深裙子转折位置和褶皱线位置的暗面，用NG3号色马克笔加深裙子的暗面。

步骤九 ▶ 画出连衣裙上半身位置的条纹面料颜色，用G77号色马克笔画出条纹面料的颜色，应注意绘制条纹的颜色时要根据衣身的转折进行上色，还要考虑条纹的深浅颜色变化。

步骤十 ▶ 继续画出连衣裙裙身的条纹颜色，用G77号色马克笔继续画出条纹的颜色，应注意裙摆位置条纹颜色绘制的虚实变化。

步骤十一 ▶ 画出手提包的颜色表现，用G78号色马克笔画出手提包的固有色，再用G39号色马克笔加深手提包底部的暗面颜色表现。

步骤十二 ▶ 画出鞋子的固有色，用G78号色马克笔平铺画出鞋子的底色，再用G38号色马克笔加深鞋底的暗面。

步骤十三 ▶ 画出手提包和鞋子的装饰线条，先用NG8号色马克笔点缀出鞋子上面的图案，再用白色高光笔画出鞋子表面的亮面以及手提包内部的装饰线条。

步骤十四 ▶ 先用白色高光笔点缀出眼珠、嘴唇和耳坏的高光，再画出连衣裙内部的高光线条以及装饰图案的表现。

5.8 皮革面料

案例表现的是一款皮革短上衣。上衣面料选用的是深色系颜色，这款上衣采用小翻领、贴袋、束口的造型设计，为单一色系的上衣上增加层次感；搭配同色系的短靴和一款浅色系的短裙，再用白色高光笔丰富整体服装的层次效果。

绘画工具

1. 施德楼自动铅笔。
2. 施德楼橡皮擦。
3. 千彩乐软头马克笔。
4. 吴竹黑色毛笔。
5. 吴竹棕色毛笔。
6. 吴竹黑色勾线笔。
7. COPIC棕色勾线笔。
8. 白色高光笔。

绘画颜色

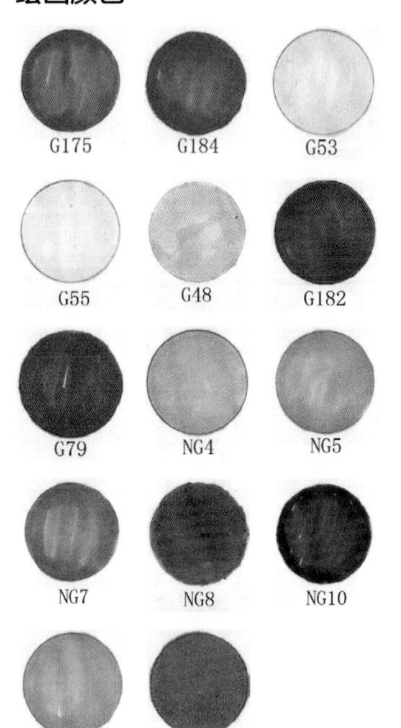

绘制要点

1. 皮革面料的颜色处理。
2. 腿部与鞋子之间的前后空间关系。

绘制面部妆容的颜色时，要特别加强眼窝和鼻底的暗面，增加面部的立体感。

绘制皮革面料的颜色质感时，要注意加强明暗颜色的变化。

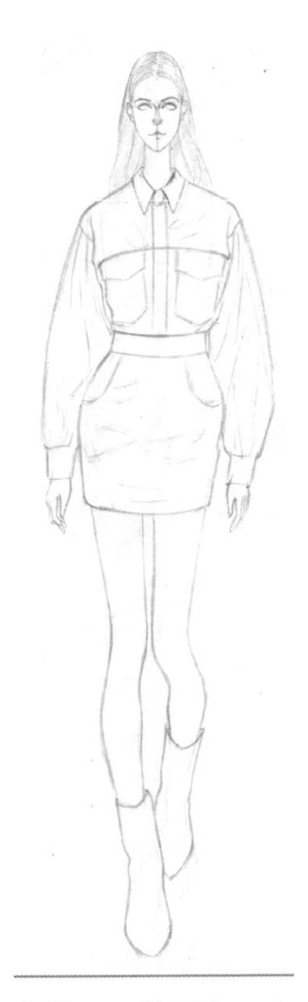

步骤一 ▶ 先画出一个走动的人体动态，再刻画出面部五官以及头发的细节，再根据画好的人体动态，确定出整体服装轮廓线条表现，最后画出鞋子的轮廓线条以及服装内部的褶皱线。

步骤二 ▶ 用COPIC棕色针管笔勾勒出人体的外轮廓线条以及面部五官的轮廓线条，再用吴竹黑色毛笔画出头发的轮廓线条，再画出整体服装的轮廓线条以及内部的褶皱线条。

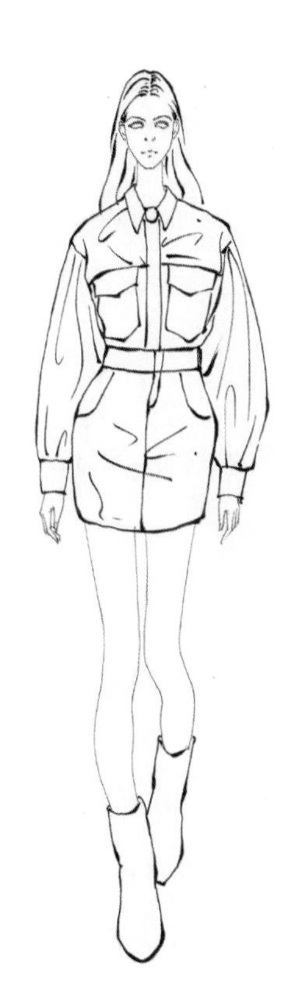

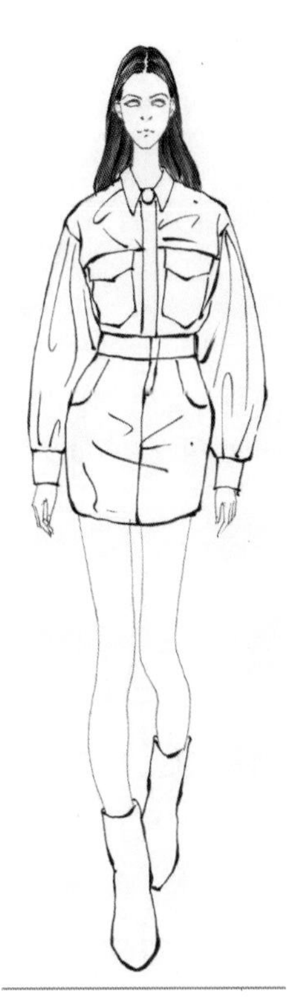

步骤三 ▶ 画出头发的颜色表现，用G175号色马克笔平铺画出头发的底色，再用G184号色马克笔加深头发的暗部，再次加深脖子位置的暗面头发。

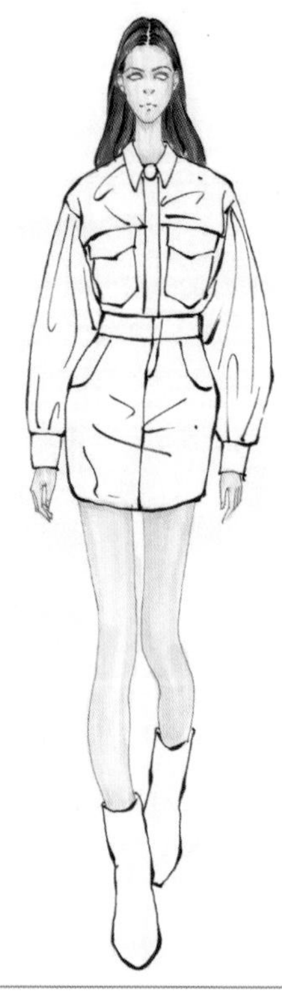

步骤四 ▶ 用G53号色马克笔画出皮肤的底色，应注意填满皮肤的颜色；再次用G53号色马克笔加深眼窝、鼻底、脖子和腿部的暗部颜色。

步骤五 ▶ 继续加深皮肤的暗面颜色，先用G55号色马克笔加深额头、眼窝、眼尾、鼻梁、鼻底、面颊、脖子、手和腿部的暗面颜色，再用G48号色马克笔加深眼窝、鼻底和脖子的暗部。

步骤六 ▶ 画出面部的妆容颜色，先用G182号色马克笔画出眉毛的颜色以及眼珠的颜色，再用吴竹黑色毛笔加深眼睛的轮廓线条，用G79号色马克笔画出嘴唇的颜色。

步骤七 ▶ 用NG4号色马克笔根据上衣的转折变化上色，平铺画出上衣的底色，再用NG5号色马克笔继续加深褶皱线位置的颜色。

步骤八 ▶ 继续加深整体上衣的固有色，先用NG5号色马克笔平铺整件上衣的底色，再用NG7号色马克笔再次加深暗面。

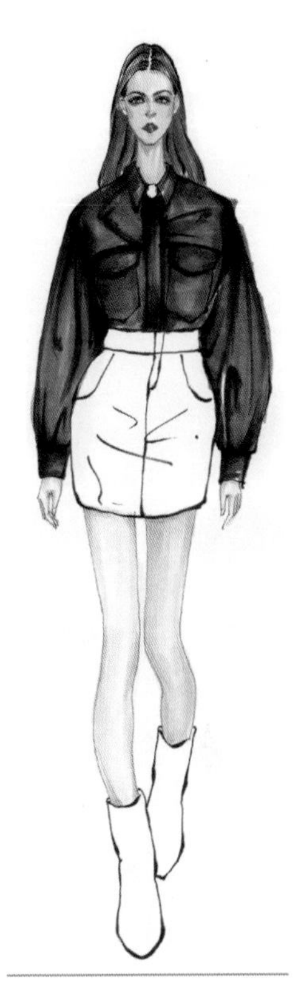

步骤九 ▶ 继续加深暗面的颜色，增强明暗颜色的对比，用NG8号色马克笔加深衣领、褶皱线和衣袖位置的暗面，再次用NG10号色马克笔加深褶皱线的暗面。

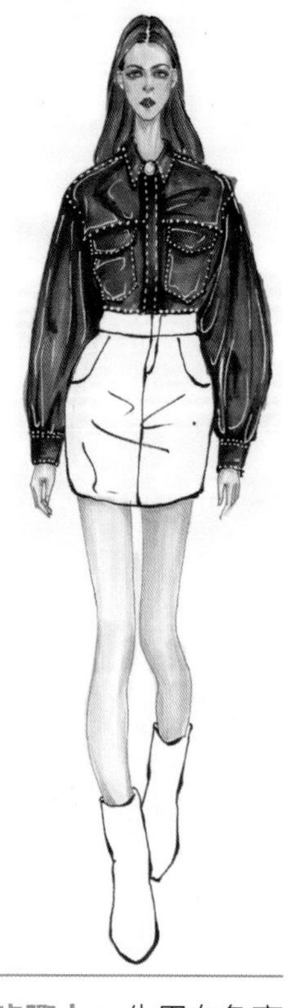

步骤十 ▶ 先用白色高光笔点缀出上衣内部的装饰线条，再用白色高光笔画出衣袖的高光颜色表现。

步骤十一 ▶ 用MG3号色马克笔平铺画出半裙的固有色，再次用MG3号色马克笔加深半裙的暗部颜色。

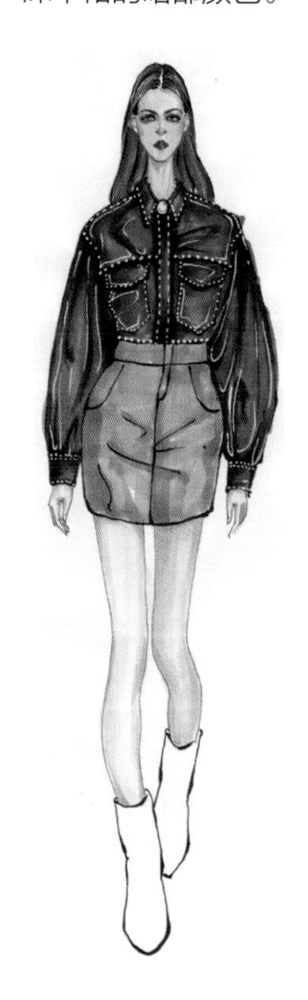

步骤十二 ▶ 用MG4号色马克笔加深褶皱线位置的暗部颜色，再用吴竹黑色针管笔点缀出半裙内部的装饰线条。

步骤十三▶ 画出鞋子的颜色表现，用NG7号色马克笔画出鞋子的固有色，再用NG8号色马克笔加深鞋子的厚度以及暗面颜色。

步骤十四▶ 用白色高光笔先画出半裙内部的高光颜色，再画出鞋子的高光颜色表现。

5.9 马克笔范例

第6章 水彩时装面料表现技法

水彩技法是所有技法里面变化最丰富的手绘技法。水彩画可以多次叠加，画出具有丰富层次感的服装样式，也可以表现细腻写实的面料质感。对于水彩技法的掌握除了要学会颜色之间的调色，还要学会掌握毛笔的用笔方式以及控制水分；根据颜色的深浅，加入量多或者量少的清水并且配合用笔的力度。采用水彩时装画绘制面料质感时更加方便，水彩纸张表面的纹理能够提高对于面料质感的刻画。

6.1 薄纱面料

案例表现的是一款透明粉色薄纱连衣裙。这款连衣裙采用圆领、灯笼袖、分层裙摆的造型设计，粉色面料能够展示青春靓丽的时尚气质。绘制连衣裙的颜色表现时，要注意对于薄纱面料的透明感表现。

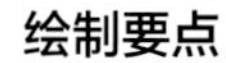

绘画工具

1. 施德楼自动铅笔。
2. 施德楼橡皮擦。
3. 华虹全套毛笔。
4. 马利牌全套勾线笔。
5. 宝虹全棉水彩纸。
6. 吴竹固体水彩颜料。
7. 调色盘。
8. 吸水海绵。

绘画颜色

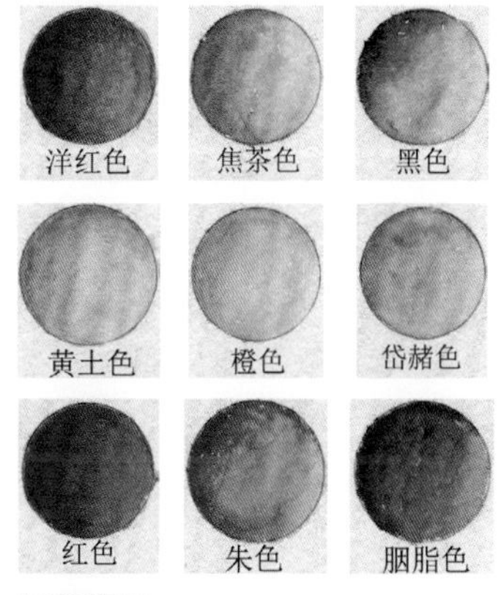

绘制要点

1. 头发造型轮廓线条的绘制。
2. 手臂与衣袖的颜色处理。

绘制头发的表现时，先画出头发的顶部层次以及发丝的走向，再用水彩颜料平涂出头发的明暗颜色，再次以细节刻画头发的暗面以及发丝的线条。

绘制薄纱裙的颜色质感表现时，先用铅笔画出褶皱线条的虚实变化，再用水彩颜料平铺裙子的底色，应注意透明感的体现。

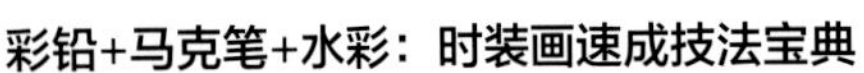

步骤一 ▶ 先用铅笔画出一条中心线，确定出最高点和最低点以九等分平分，再画出头部的轮廓形状，确定出脖子的长度，再画出胸腔和盆腔的体块线条。

步骤二 ▶ 连接胸腔和盆腔腰部线条，确定出人体动态的特点，再连接脖子与肩膀之间的线条，根据人体动态摆动的特点，画出两手臂摆动的线条。

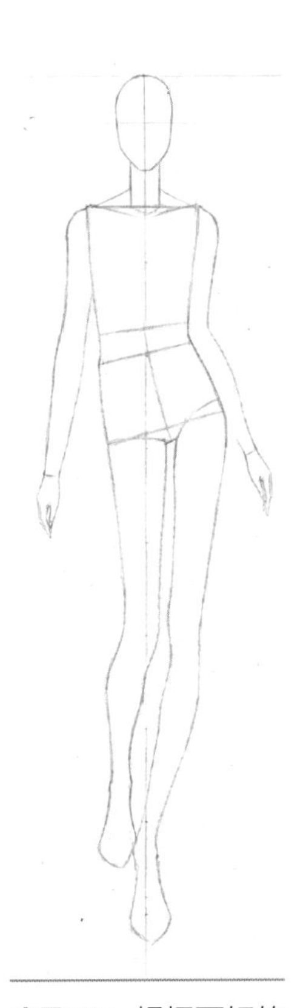

步骤三 ▶ 根据画好的盆腔动态，确定出腿部的长度，先画出前面受力的腿部轮廓线条，再画出后面另一条腿部的轮廓线条。

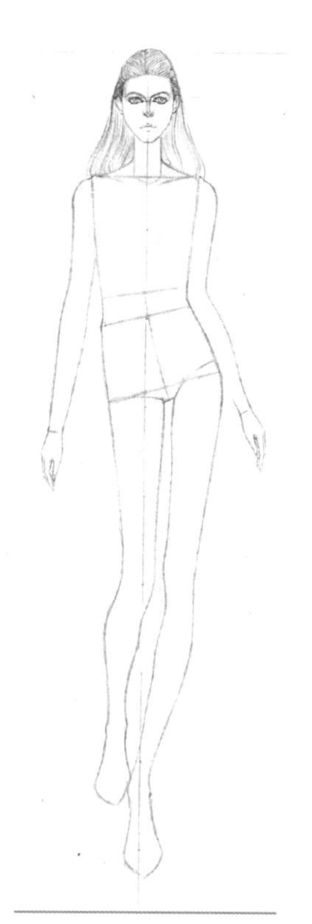

步骤四 ▶ 根据确定好的头部轮廓线条，确定出五官的位置，然后根据“三庭五眼”的原则，刻画出面部五官的轮廓线条，再确定出发际线的位置，画出头发的轮廓线条表现。

步骤五 ▶ 画出连衣裙的轮廓线条，先确定出衣领、衣袖、腰部以及裙摆的位置，再画出上半身衣服的轮廓线条；应注意袖口的造型表现，画出裙摆的轮廓线条，确定出三层裙摆的褶皱边线条，最后画出鞋子的轮廓线条。

步骤六 ▶ 画出皮肤的颜色，用华虹4号毛笔蘸取少量洋红色和黄土色；加入大量清水调和，平铺出皮肤的颜色，再次加深面部、脖子和手臂的颜色。

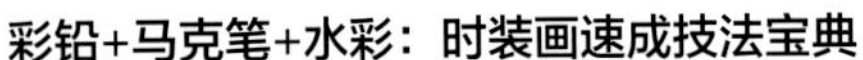

步骤七 ▶ 加深皮肤的暗部，用华虹4号毛笔蘸取洋红色、黄土色、少量焦茶色；加入清水调和，加深额头、眼窝、眼尾、鼻梁、鼻底、脖子、肩部和手臂的暗部颜色，再次加深鼻底和脖子的暗面。

步骤八 ▶ 画出面部妆容的颜色，先用马利2号勾线笔蘸取黑色以加深眼睛的轮廓线条；再继续蘸取焦茶色，加水调和，画出眼珠和眉毛的颜色；再蘸取橙色，加水调和，画出腮红的颜色，最后蘸取洋红色，加水调和，画出嘴唇的颜色。

步骤九 ▶ 绘制头发的颜色，用华虹6号毛笔蘸取岱赭色和黄土色，加水调和，平涂出头发的底色；再继续蘸取焦茶色，调和，画出头发的暗面，再用马利2号勾线笔蘸取少量黑色，勾勒出头发丝的线条。

步骤十 ▶ 先用华虹10号毛笔直接蘸取清水，平涂在连衣裙上面；趁纸张没干之前，用华虹10号毛笔蘸取红色和朱色，加入大量清水调和，平涂在连衣裙上面，再次加深连衣裙内部褶皱线位置的颜色。

步骤十一 ▶ 加深裙子的暗部颜色，用华虹8号毛笔蘸取红色和胭脂色，加水调和，加深连衣裙的固有色；再蘸取少量黑色，继续调和，加深褶皱线位置的暗部颜色，注意用笔的转折变化。

步骤十二 ▶ 画出裙子表面的颜色，用马利2号勾线笔蘸取黑色，加入少量清水调和；先点缀出上半身的图案，再点缀出下半身裙摆的图案，应注意图案的疏密变化。

步骤十三 ▶ 先用华虹4号毛笔蘸取黑色，画出条纹袜的固有色；再蘸取清水调和，画出袜子的底色，再用华虹4号毛笔蘸取紫色，加水调和，画出鞋子的固有色；再继续加入焦茶色，调和，画出鞋子的暗部颜色。

步骤十四 ▶ 用白色高光笔先点缀出眼睛和嘴唇的高光，再点缀出连衣裙内部的高光，应注意颜色的疏密变化。

6.2 牛仔面料

案例表现的是浅色牛仔外套，外套采用西装领、开口门襟、贴袋以及长袖的造型设计。外套的外轮廓造型采用西装款式的造型设计，在服装面料上运用了牛仔面料进行搭配。当绘制水彩的牛仔面料质感表现时，要注意控制毛笔上的分量，来表现出不是过渡很明显的明暗颜色变化。

绘画工具

1. 施德楼自动铅笔。
2. 施德楼橡皮擦。
3. 华虹全套毛笔。
4. 马利牌全套勾线笔。
5. 宝虹全棉水彩纸。
6. 吴竹固体水彩颜料。
7. 调色盘。
8. 吸水海绵。

绘画颜色

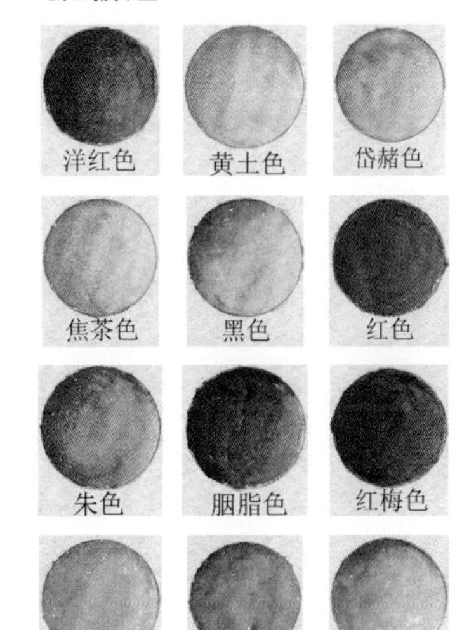

绘制要点

1. 两手臂摆动产生的前后空间关系。
2. 牛仔马甲的面料质感绘制。

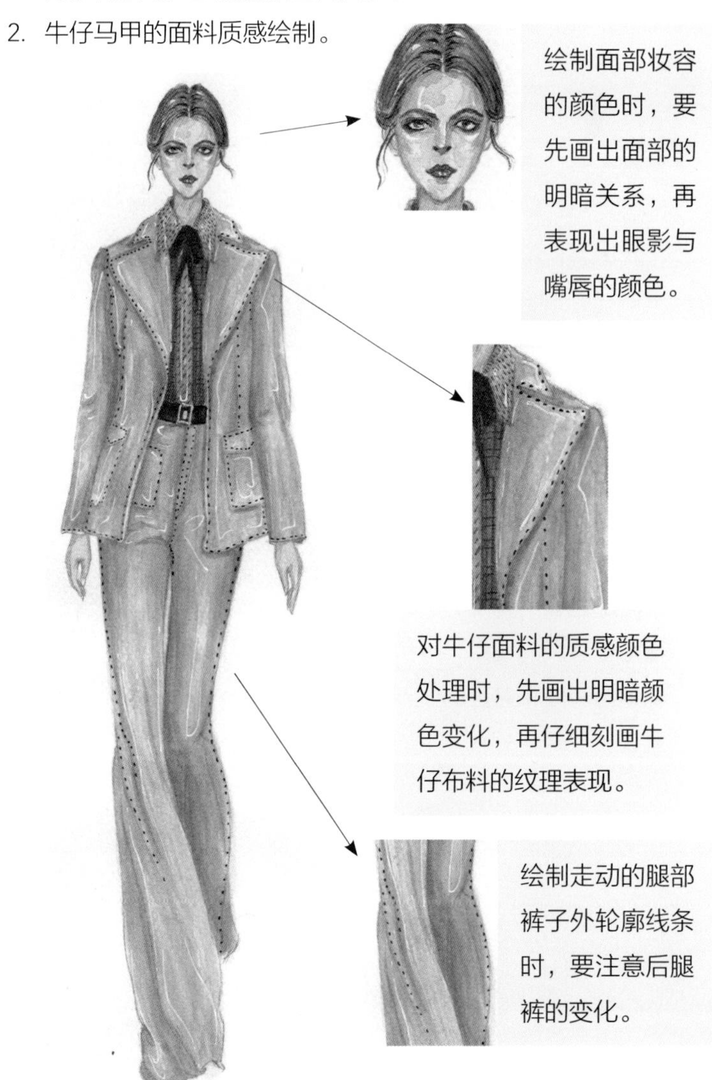

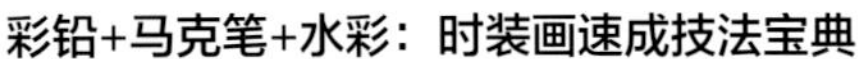

步骤一 ▶ 画出一条直线，再确定出最高点和最低点九等分平分；再画出头部的轮廓形状，确定出面部五官位置之后再刻画出面部五官的轮廓；再画出头发的线条，确定出胸腔和盆腔的直线。

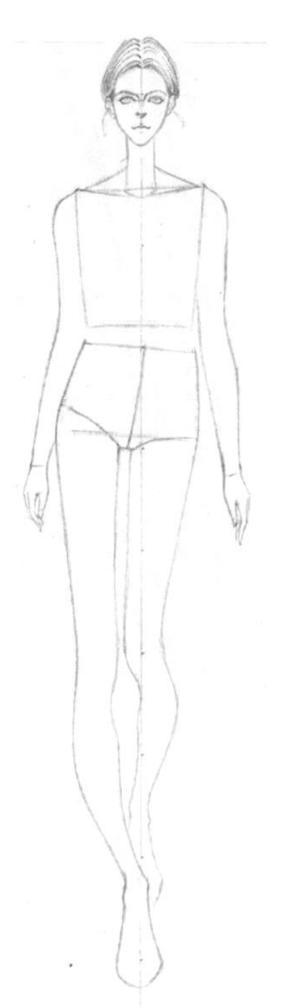

步骤二 ▶ 根据上一步确定好的胸腔和盆腔线条，画出胸腔和盆腔的体块线条；再确定出摆动的手臂线条，刻画出手的形状，根据盆腔的动态，画出走动腿部的线条，应注意两腿之间的前后空间关系。

步骤三 ▶ 确定好人体动态，画出衣服的轮廓线条。先画出内搭衬衣的轮廓线条，再确定出外套的外轮廓线条以及裤子的外轮廓线条，再刻画出外套内部的褶皱线条以及装饰口袋的线条表现。

步骤四 ▶ 画出皮肤的颜色，用华虹4号毛笔蘸取洋红色和黄土色；加入清水调和，平涂出皮肤的底色，再次加深眼窝、鼻底、脖子的颜色表现。

步骤五 ▶ 继续加深皮肤的颜色，用华虹4号毛笔蘸取洋红色、黄土色和少量岱赭色；加入清水调和，加深额头、眼窝、眼尾、鼻梁、鼻底、面颊、脖子和手的暗部颜色。

步骤六 ▶ 画出头发的颜色，用华虹6号毛笔蘸取岱赭色和焦茶色，加入清水调和，画出头发底色，再继续蘸取焦茶色，调和；加深头发的暗部，再用马利2号勾线笔蘸取黑色，加水调和，画出头发丝的线条表现。

步骤七 ▶ 用马利2号勾线笔蘸取黑色，加水调和，加深眼睛的轮廓线条；再蘸取焦茶色，继续调和，画出眉毛的颜色和眼珠的颜色，重新蘸取黄土色，加水调和画出眼影的颜色，最后蘸取红色和朱色，加水调和，画出嘴唇的颜色表现。

步骤八 ▶ 用华虹6号毛笔蘸取红色和洋红色，加入大量清水调和，画出内搭衬衫的底色；再继续蘸取胭脂色，调和，加深衬衫领子的暗部颜色，再蘸取少量黑色调和，继续加深衬衫暗面。

步骤九 ▶ 用马利2号勾线笔蘸取胭脂色和少量黑色，加水调和，点缀出衬衫上的图案颜色；再用华虹4号毛笔蘸取红梅色和岱赭色，加水调和，画出领带的颜色表现。

步骤十 ▶ 用华虹6号毛笔蘸取水色和蓝色，加入大量清水调和，平铺出外套的底色；再继续蘸取蓝色调和，加深领子、袖子、口袋以及褶皱线位置的暗部颜色。

步骤十一 ▶ 画出裤子的底色，用华虹6号毛笔蘸取蓝色和水色，加入大量清水调和，平铺出裤子的底色；再继续加深口袋、褶皱线和裤口位置的暗部颜色，再次加深裤边的颜色表现。

步骤十二 ▶ 加深外套的颜色，用华虹6号毛笔蘸取美蓝色和蓝色，加入清水调和，加深领子、袖子和口袋位置的暗部颜色；应注意上色时颜色由暗部向亮部过渡的表现，再次加深褶皱线的暗部。

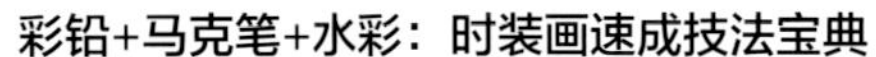

步骤十三 ▶ 加深裤子的颜色，用华虹6号毛笔蘸取美蓝色和蓝色，加水调和，画出裤边、褶皱线和裤口的暗部颜色，再次加深裤子内部褶皱线位置的暗部颜色，增强裤子的层次感。

步骤十四 ▶ 用华虹4号毛笔蘸取蓝色和少量焦茶色，加水调和，再次加深衣领、口袋以及裤子门襟位置的暗部颜色表现；再用华虹4号毛笔蘸取黑色，加水调和，画出腰带的固有色。

步骤十五 ▶ 用吴竹黑色针管笔画出外套和裤子内部的装饰线条，再用白色高光笔点缀出眼珠和嘴唇的高光，再画出外套和裤子的高光颜色。

6.3 针织面料

案例表现的是较为宽松的针织开衫。开衫采用大V领、中长款的造型设计，在面料上采用了黑白大格纹的针织样式，搭配同样是格纹样式的半裙，在整体画面效果上，丰富了画面的色彩感。对于绘制针织面料的质感表现，主要是体现针织表面纹理的线条绘制。

绘画工具

1. 施德楼自动铅笔。
2. 施德楼橡皮擦。
3. 华虹全套毛笔。
4. 马利牌全套勾线笔。
5. 宝虹全棉水彩纸。
6. 吴竹固体水彩颜料。
7. 调色盘。
8. 吸水海绵。

绘画颜色

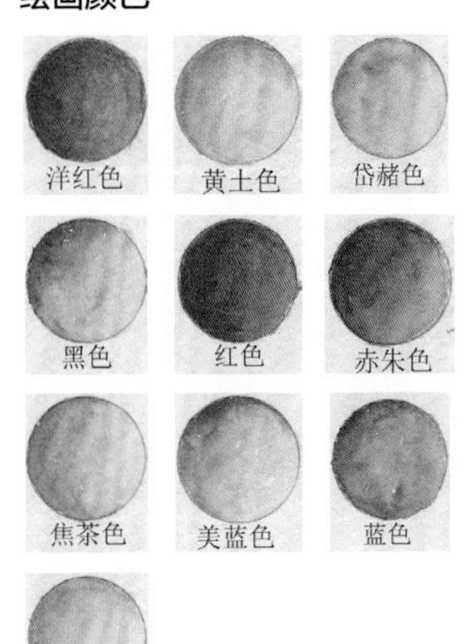

绘制要点

1. 针织毛衣的质感细节处理。
2. 腿部走动时靴子的前后轮廓变化。

绘制耳朵位置的颜色时，应注意明暗层次变化的颜色表现。

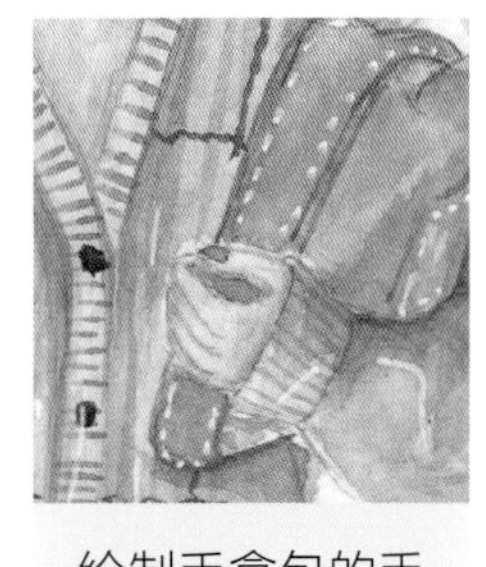

绘制手拿包的手部线条时，应注意对手指的线条处理。

步骤一▶先画出人体走动的动态轮廓线条，再刻画出面部五官以及头发造型；根据人体动态的变化，画出V领针织开衫的外轮廓线条，应注意手拿包的造型处理，最后画出半裙的轮廓以及长靴的外轮廓。

步骤二▶用马利2号勾线笔蘸取黄土色，加少量清水调和，勾画出人体皮肤的轮廓线条；再重新蘸取黑色，加水调和，画出头发、手提包和鞋子的轮廓线条，再蘸取蓝色，直接勾勒出裙子的轮廓。

步骤三▶画出皮肤的底色，用华虹4号毛笔蘸取黄土色和洋红色，加入大量清水调和，用平铺的方式画出皮肤的底色，再继续加深鼻底、眼窝、脖子的暗面颜色表现。

步骤四 ▶ 继续加深皮肤的暗面，增强明暗对比，用华虹4号毛笔蘸取洋红色和少量黄土色，加入清水调和，勾勒出额头、眼窝、眼尾、鼻梁、鼻底、脖子和手的暗部颜色，再次加深鼻底和脖子的暗面。

步骤五 ▶ 用华虹6号马克笔蘸取岱赭色和黄土色，加水调和，画出头发的底色，再次加深头发的颜色。

步骤六 ▶ 画出面部的妆容，先用勾线笔2号蘸取黑色，加深眼睛的轮廓线条，再蘸取焦茶色，加水调和，画出眼珠的颜色；再蘸取少量红色，加入大量清水，画出腮红的颜色，再蘸取赤朱色，加水调和，画出嘴唇的固有色。

步骤七 ▶ 用华虹8号毛笔蘸取少量黑色和黄土色，加入大量清水调和，画出针织上衣的底色；再继续加深衣服内部暗面的颜色，应注意控制毛笔的水量。

步骤八 ▶ 继续加深针织上衣的明暗颜色变化，用华虹6号毛笔蘸取黑色和黄土色，加水调和；继续加深针织上衣的底色，再继续蘸取少量焦茶色，调和，加深门襟、衣袖、衣身的暗面颜色。

步骤九 ▶ 用马利2号勾线笔蘸取焦茶色，加水调和，画出针织线条；再蘸取黑色，加水调和，画出黑色的线条，最后画出门襟纽扣的颜色。

步骤十 ▶ 用华虹6号毛笔蘸取美蓝色和蓝色，加水调和，平铺画出半裙的底色；再继续加深半裙褶皱线位置的暗部颜色表现。

步骤十一 ▶ 用马利2号勾线笔蘸取蓝色，勾勒出蓝色格纹的线条，再蘸取红色，勾勒出红色的格纹线条。

步骤十二 ▶ 画出鞋子的颜色表现，用华虹4号毛笔蘸取黑色，加入清水调和，平铺画出鞋子的底色；再继续蘸取黑色调和，加深鞋子的暗部颜色表现。

步骤十三 ▶ 画出手拿包的颜色表现，用华虹4号毛笔蘸取橙色和黄土色，加入清水调和；画出手拿包的底色，再继续蘸取岱赭色，调和，画出包包的暗部。

步骤十四 ▶ 用白色高光笔画出针织上衣、手拿包、半裙以及鞋子的高光颜色表现。

6.4 条纹面料

案例表现的是一款吊带条纹面料连衣裙。连衣裙采用了抹胸吊带、收腰、A字裙摆的造型设计，连衣裙的条纹面料选用三种颜色进行拼接设计，上半身为横条纹的设计，下半身为竖条纹的设计，在整体视角效果上拉长了模特的长度。

绘画工具

1. 施德楼自动铅笔。
2. 施德楼橡皮擦。
3. 华虹全套毛笔。
4. 马利牌全套勾线笔。
5. 宝虹全棉水彩纸。
6. 吴竹固体水彩颜料。
7. 调色盘。
8. 吸水海绵。

绘制要点

1. 条纹裙子的颜色处理。
2. 面部妆容的绘制处理。

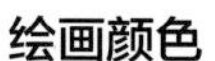

绘画颜色

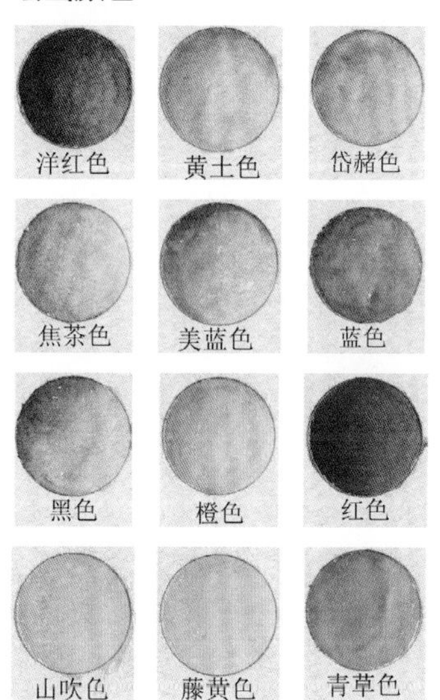

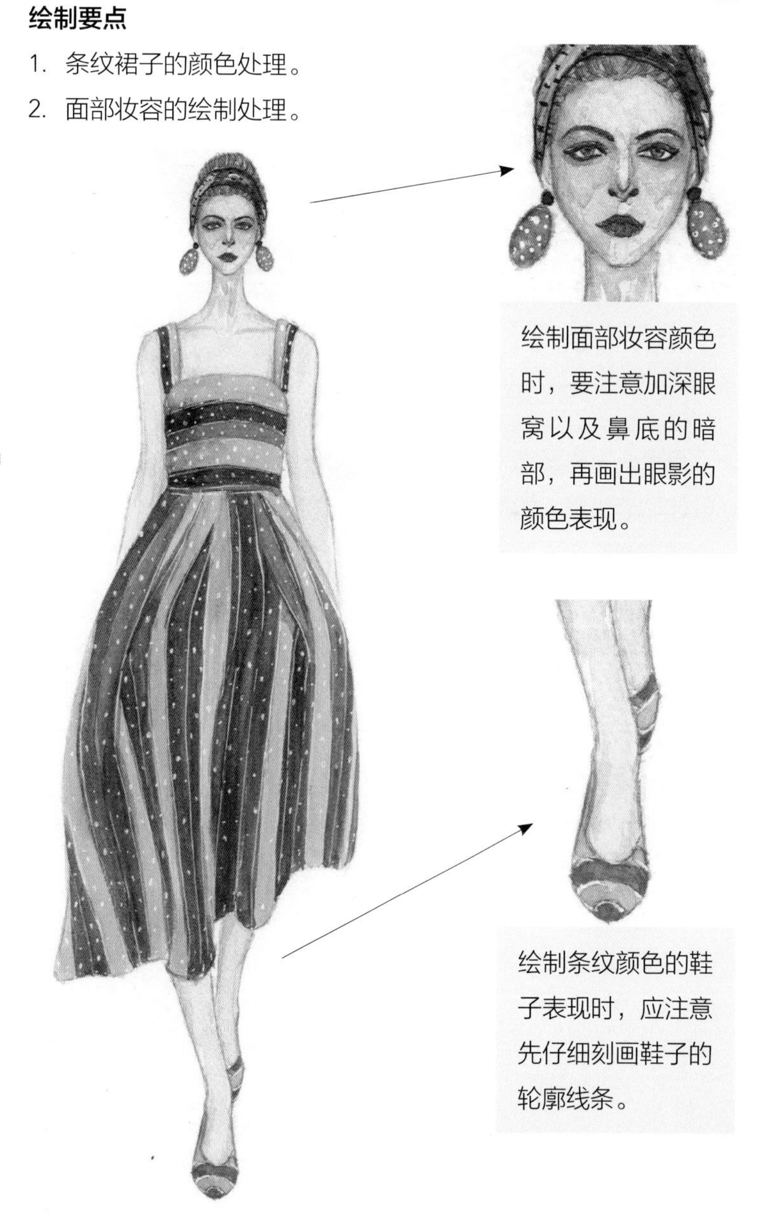

步骤一 ▶ 先画出人体的动态轮廓，注意两腿之间的前后变化，再画出面部妆容以及发型的造型表现，绘制发箍的轮廓线时应注意与头发之间的蓬松效果，再画出连衣裙的外轮廓造型以及裙摆摆动的线条。

步骤二 ▶ 用华虹6号毛笔蘸取洋红色和黄土色，加入大量清水调和，用平铺的方式画出皮肤的底色；再继续画出额头、眼窝、眼尾、鼻梁、鼻底、脖子、手臂和腿部的暗部颜色，再次加深鼻底和脖子的暗面。

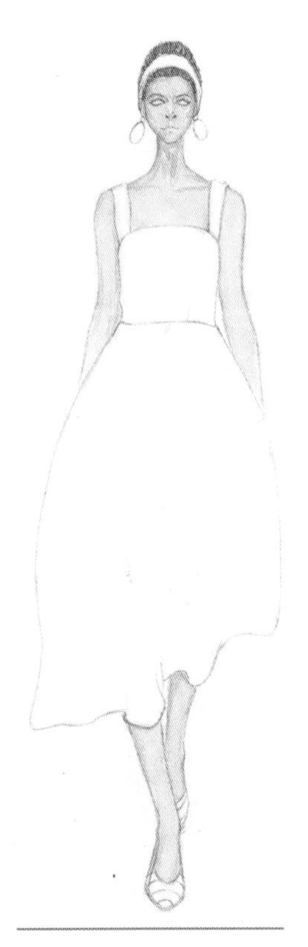

步骤三 ▶ 画出头发的颜色，用华虹4号毛笔蘸取黄土色和岱赭色，加水调和，画出头发的底色；再继续蘸取焦茶色调和，加深头发的暗部颜色表现。

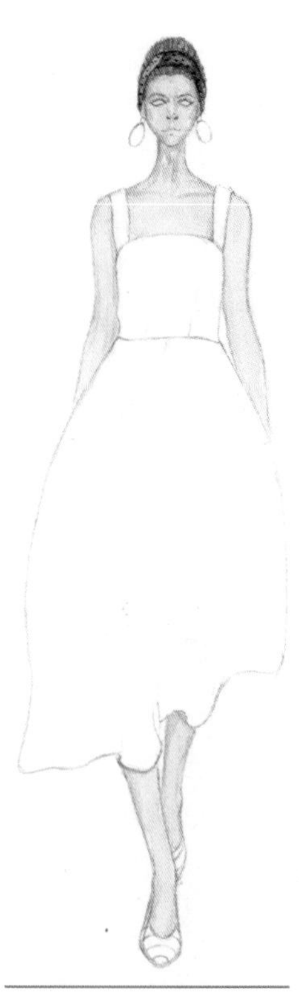

步骤四 ▶ 绘制发箍的颜色表现时，应注意对于多种颜色拼接的发箍绘制，先画出深色的颜色，再画出颜色部分；用华虹4号毛笔蘸取美蓝色，加水调和，画出蓝色发箍的部分，再蘸取黄土色画出黄色发箍的部分；再蘸取红色点缀出红色圆点图案。

步骤五 ▶ 画出耳环的颜色表现，用华虹4号毛笔蘸取蓝色，画出耳环的固有色；再继续蘸取少量焦茶色，调和，加深暗部。

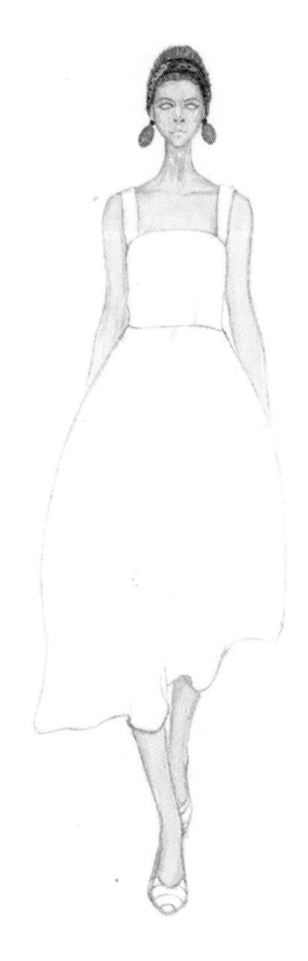

步骤六 ▶ 用马利2号勾线笔蘸取黑色，加水调和，加深眼睛的轮廓线条以及眉毛的颜色表现；再蘸取焦茶色，加水调和，画出眼珠的颜色，再蘸取橙色画出眼影的颜色，最后蘸取红色调和，画出嘴唇的固有色。

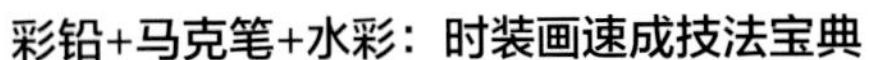

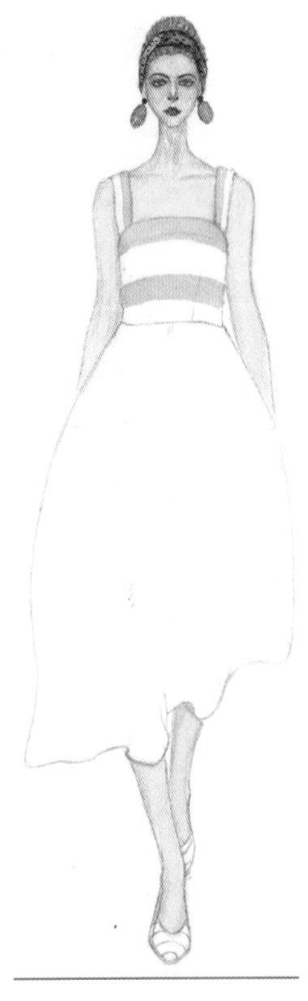

步骤七 ▶ 用华虹4号毛笔蘸取山吹色、藤黄色和青草色，加水调和，画出上半身黄色横条纹颜色，应注意颜色绘制的起伏。

步骤八 ▶ 继续画出裙身竖条纹的黄色颜色，用华虹4号毛笔蘸取山吹色、藤黄色和青草色，加水调和，画出竖条纹的颜色，应注意裙摆飘逸状态下条纹的变化。

步骤九 ▶ 用华虹4号毛笔蘸取牡丹色和岱赭色，加入清水调和，画出上半身棕色横条纹的颜色表现。

步骤十 ▶ 再用华虹4号毛笔蘸取山吹色、藤黄色和青草色，加水调和，继续画出裙身棕色条纹的颜色。

步骤十一 ▶ 画出蓝色条纹的颜色表现，用华虹4号毛笔蘸取蓝色和美蓝色，加入清水调和，画出蓝色条纹的颜色表现。

步骤十二 ▶ 继续加深条纹颜色的暗面，用华虹4号毛笔蘸取黄土色和青草色，加水调和，加深黄色条纹的暗面；再蘸取蓝色和焦茶色，加水调和，画出蓝色条纹的暗面，再蘸取岱赭色和焦茶色，加水调和，画出棕色条纹的暗面。

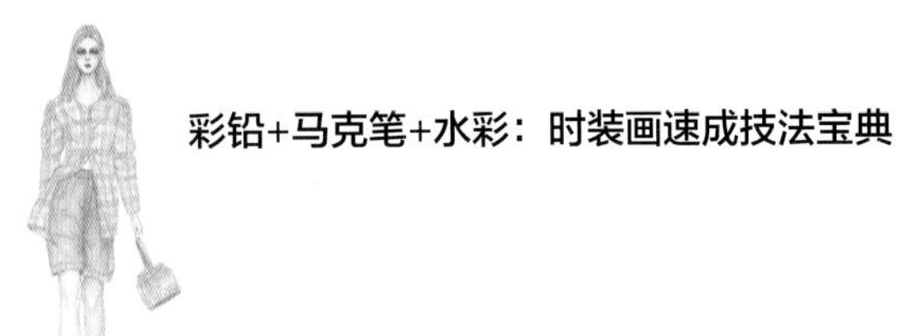

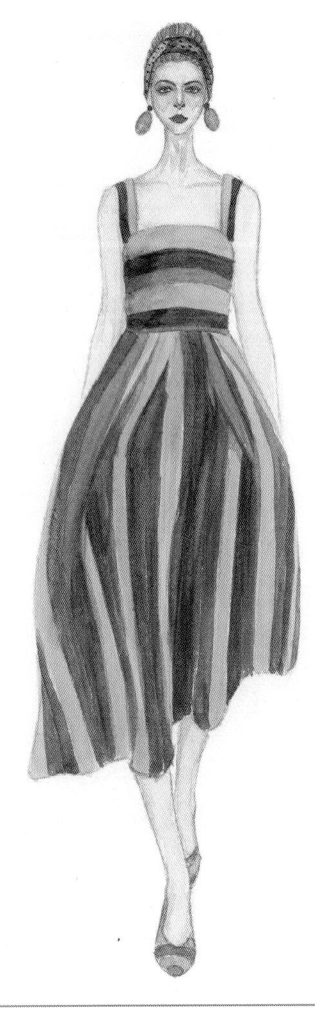

步骤十三▶ 画出鞋子的颜色，先用华虹4号毛笔蘸取蓝色，画出蓝色的颜色，再蘸取藤黄色画出黄色的颜色表现。

步骤十四▶ 画出条纹连衣裙表面的高光，用白色高光笔点缀出连衣裙内部的高光，再画出鞋子的高光。

6.5 波点面料

案例所选择的是一款波点半裙。半裙运用收腰、鱼尾摆的造型设计，在面料上面采用了黑底白色圆点的面料设计，再搭配一件印花款式的上衣，整体的服装效果展示出女性的优雅浪漫气质。当绘制波点图案的质感表现时，尤其应注意对鱼尾摆位置的颜色处理。

绘画工具

1. 施德楼自动铅笔。
2. 施德楼橡皮擦。
3. 华虹全套毛笔。
4. 马利牌全套勾线笔。
5. 宝虹全棉水彩纸。
6. 吴竹固体水彩颜料。
7. 调色盘。
8. 吸水海绵。

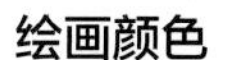

绘画颜色

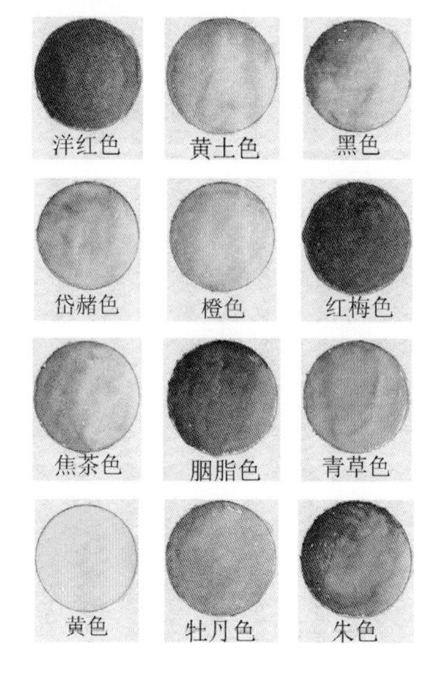

绘制要点

1. 面部妆容的颜色表现。
2. 波点半裙的颜色处理。

步骤一 ▶ 画出走动的人体动态轮廓，应注意腿部之间的变化以及手臂摆动的特点，再画出上衣和半裙的轮廓，绘制裙摆线条时要注意前后变化，最后画出面部五官以及发型。

步骤二 ▶ 画出皮肤的底色，用华虹6号毛笔蘸取洋红色和黄土色，加入清水调和，平铺画出皮肤的底色，再次加深脖子和腿部的颜色。

步骤三 ▶ 继续加深皮肤的明暗颜色，用华虹4号毛笔蘸取黄土色和少量洋红色，加入清水调和，加深额头、眼窝、眼尾、鼻底、脖子、手臂和腿部的暗部颜色。

步骤四 ▶ 画出面部妆容的颜色，用马利2号勾线笔蘸取黑色，加水调和，画出眼睛的外轮廓线条以及眉毛的形状；再蘸取岱赭色，加水调和，画出眼珠的颜色，再蘸取橙色画出眼影的颜色表现，最后蘸取少量红梅色画出嘴唇的固有色。

步骤五 ▶ 用华虹4号毛笔蘸取岱赭色和焦茶色，加水调和，画出头发的底色，应注意绘制头发的颜色时，上色要根据头发线条的转折上色。

步骤六 ▶ 用华虹6号毛笔蘸取少量黑色和黄土色，加入大量清水调和，画出上衣的底色，再次加深上衣内部褶皱的暗部颜色表现。

步骤七 ▶ 用华虹4号毛笔蘸取青草色和少量黄色，加入清水调和，画出树叶的颜色表现；再蘸取牡丹色和岱赭色，加入清水调和，画出树干的颜色。

步骤八 ▶ 用华虹4号毛笔蘸取红色和少量朱色，加入清水调和，画出红色花朵的颜色；再加入大量清水调和，画出淡粉色花朵的颜色。

步骤九 ▶ 绘制半裙的底色，先用6号毛笔蘸取清水平铺在半裙上面，趁清水没干时，用华虹8号毛笔蘸取黑色画出半裙的底色，应注意对颜色过渡变化的处理。

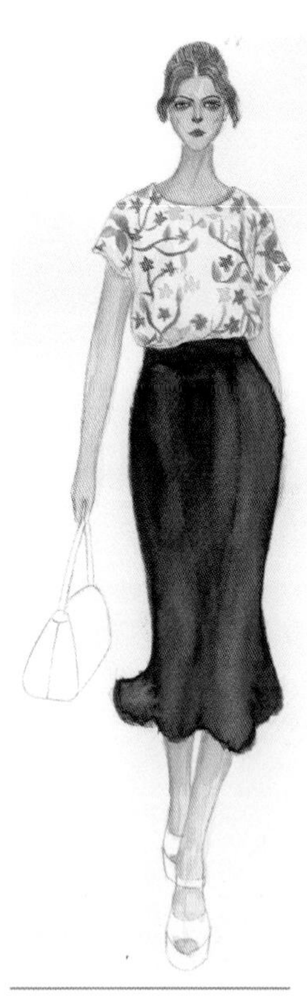

步骤十 ▶ 继续加深半裙的暗面颜色，用华虹6号毛笔蘸取大量黑色，继续加深半裙内部的暗部，应注意明暗颜色的区别。

步骤十一 ▶ 画出波点图案的颜色，用白色高光笔点缀出顺序排列的白色圆点，应注意白色圆点的大小一致。

步骤十二 ▶ 画出手提包的颜色，用华虹4号毛笔蘸取胭脂色和朱色，加入清水，调和，画出包包的底色；再次平涂手提包的底色，用华虹4号毛笔蘸取黑色，加水调和，画出鞋子的颜色。

步骤十三 ▶ 继续加深手提包的暗面，用华虹4号毛笔蘸取胭脂色和牡丹色，加水调和，画出手提包的暗面；再用马利2号勾线笔蘸取黑色，点缀出包包内部的装饰线。

步骤十四 ▶ 画出鞋子的颜色，用马利2号勾线笔蘸取黑色，加水调和，画出鞋子的明暗颜色变化；再用白色高光笔画出上衣、手提包和鞋子的高光。

6.6 皮革面料

案例表现的是一款皮革面料的外套。这款外套采用软质的皮革面料设计，搭配翻领、插袋的造型设计，能够展示外套的柔软质感，外套搭配单一的红色皮革面料，整体画面视觉效果能够充分展示服装的特点以及质感。

绘画工具

1. 施德楼自动铅笔。
2. 施德楼橡皮擦。
3. 华虹全套毛笔。
4. 马利牌全套勾线笔。
5. 宝虹全棉水彩纸。
6. 吴竹固体水彩颜料。
7. 调色盘。
8. 吸水海绵。

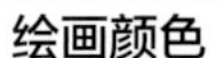

绘画颜色

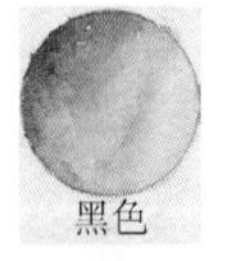

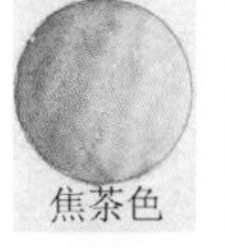

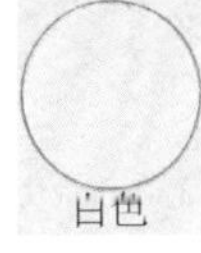

绘制要点

1. 皮革外套的面料质感表现。
2. 注意腿部的前后空间变化。

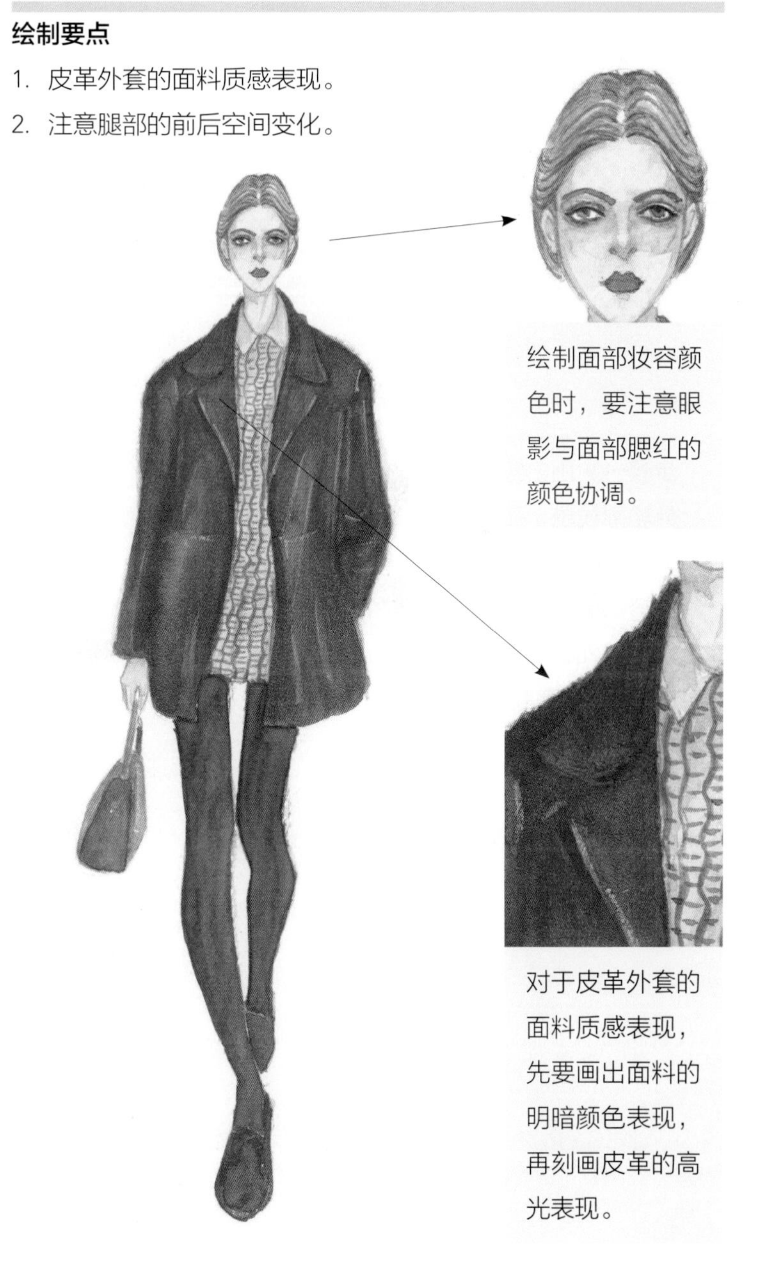

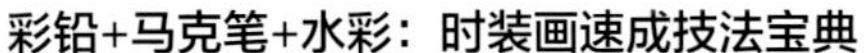

步骤一 ▶ 画出整体的外轮廓线条，在画出人体动态时，先画出内搭裙子的轮廓，再确定出外套的肩部、衣袖以及衣长的位置，画出外套的外轮廓线条；应注意对外套领子与内搭裙子领子之间的处理，最后画出手提包和鞋子。

步骤二 ▶ 画出皮肤的颜色，用华虹4号毛笔蘸取洋红色和黄土色，加入清水调和，平铺画出皮肤的底色；再蘸取少量黄土色和焦茶色，继续调和，加深额头、眼窝、眼尾、鼻底、脖子和手的暗部。

步骤三 ▶ 用马利2号勾线笔蘸取黑色，加深眼睛的轮廓，再勾勒出眉毛的形状，蘸取焦茶色，加水调和，画出眼影的颜色以及眼珠的颜色，蘸取朱色，加水调和，画出嘴唇的颜色。

步骤四 ▶ 画出头发的颜色表现，先用华虹4号毛笔蘸取黄土色和焦茶色，加水调和，平铺头发的底色，再蘸取焦茶色和少量黑色，加水调和，画出头发的暗部，应注意头顶头发的明暗颜色表现。

步骤五 ▶ 用华虹4号毛笔蘸取黑色，加入大量清水调和，画出内搭服装的底色，再次加深内搭服装的暗部颜色表现。

步骤六 ▶ 继续刻画内搭服装的细节，用马利2号勾线笔蘸取黑色，加入少量清水调和，画出内搭服装的表面线条。

步骤七 ▶ 画出皮革外套的颜色表现，应注意对皮革颜色的明暗可通过控制水分表现出来；用华虹6号毛笔蘸取红色，加入大量清水调和，画出皮革外套的明暗颜色变化。

步骤八 ▶ 继续加深皮革外套的明暗颜色变化，用华虹6号毛笔蘸取红色和少量的红梅色；加入清水调和，从暗部向亮部过渡地加深外套整体的颜色表现。

步骤九 ▶ 再次加深明暗颜色变化，增强皮革的层次变化；用华虹4号毛笔蘸取红色、胭脂色和少量牡丹色，继续加深外套的暗部颜色，注意亮面颜色的留白。

步骤十 ▶ 画出手提包的颜色，用华虹4号毛笔蘸取红色，加水调和，画出手提包的明暗颜色变化。

步骤十一 ▶ 用马利6号毛笔蘸取黑色，加入清水调和，画出明暗颜色变化的打底裤颜色；再用马利1号勾线笔蘸取白色颜料，画出皮革外套和鞋子的高光颜色。

6.7 皮草面料

案例选择的是一款皮草大衣。这款皮草大衣在造型方面采用圆领、开门襟、中袖的造型设计，再搭配一款白底印花连衣裙。服装的整体造型突出体现女性的温柔气质。当绘制皮草面料的颜色质感表现时，要注意明确表现人体走动时，皮草大衣产生的面料挤压特点以及衣摆处理。

绘画工具

1. 施德楼自动铅笔。
2. 施德楼橡皮擦。
3. 华虹全套毛笔。
4. 马利牌全套勾线笔。
5. 宝虹全棉水彩纸。
6. 吴竹固体水彩颜料。
7. 调色盘。
8. 吸水海绵。

绘画颜色

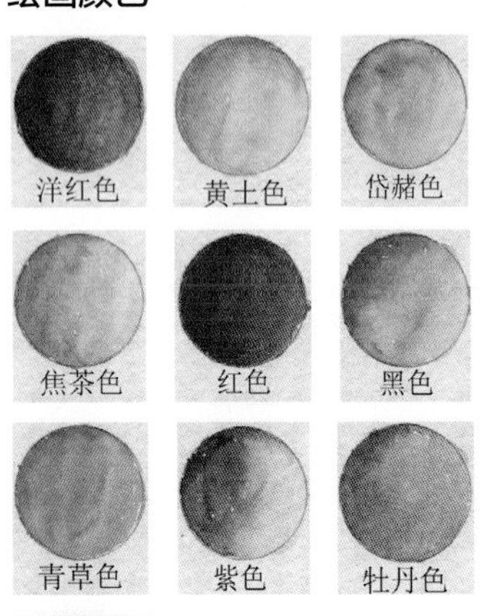

绘制要点

1. 表现出皮草外套的质感。
2. 腿部走动时鞋子的前后轮廓造型变化。

绘制面部腮红颜色时，要注意腮红颜色以及面部暗部的过渡处理。

绘制皮草的颜色质感表现时，要通过画出顺序变化的皮草毛来表现。

步骤一 ▶ 画出人体的动态轮廓线条，再刻画出面部五官以及头发的造型，应注意头发丝的处理；再画出内搭连衣裙和皮草大衣的轮廓造型以及内部的褶皱线条，再画出手提包和鞋子的轮廓线条。

步骤二 ▶ 用华虹6号毛笔蘸取洋红色和黄土色，加入大量清水调和，用平铺的方式画出皮肤的底色，再次加深脖子的颜色。

步骤三 ▶ 继续加深皮肤的暗部颜色，用华虹4号毛笔蘸取洋红色和少量黄土色，加水调和，加深额头、眼窝、眼尾、鼻梁、鼻底、脖子、手以及腿部的暗部颜色。

步骤四 ▶ 画出头发的颜色，用华虹4号毛笔蘸取岱赭色、黄土色，加水调和，平铺画出头发底色；再蘸取焦茶色，继续调和，画出头发的暗部颜色。

步骤五 ▶ 绘制面部妆容的颜色处理时，用马利2号勾线笔蘸取黑色，勾勒出眼睛的轮廓以及眉毛的形状；再蘸取焦茶色，加水调和，画出眼珠的颜色，蘸取红色，加水调和，画出嘴唇的颜色，在红色颜料里面再次加入大量清水调和，画出腮红的颜色。

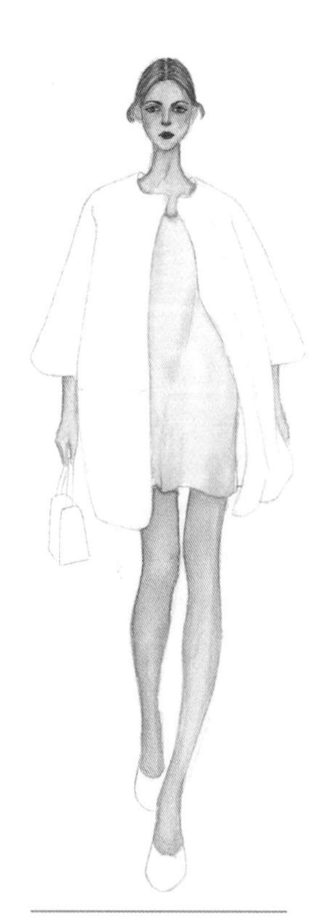

步骤六 ▶ 绘制内搭裙子的底色，用华虹6号毛笔蘸取少量黑色，加入大量清水调和，平铺画出内搭裙子底色，再次加深内搭裙子的暗面。

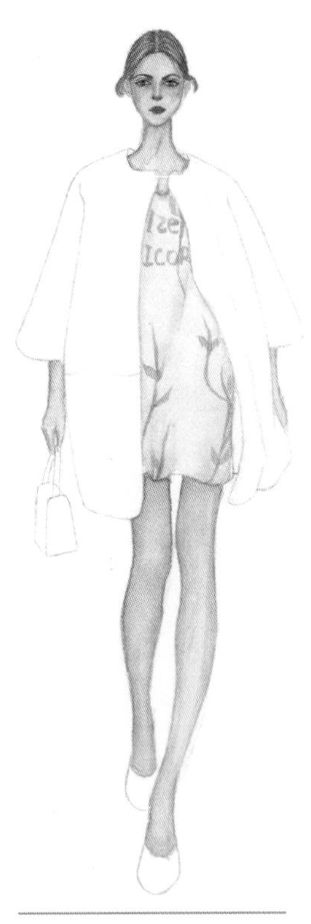

步骤七 ▶ 用马利2号勾线笔蘸取黄土色，勾勒出字母颜色，再蘸取青草色，加水调和，画出树叶颜色，再蘸取焦茶色，加水调和，画出树干的颜色。

步骤八 ▶ 画出花卉颜色，用马利2号勾线笔蘸取红色，加水调和，画出红色的花朵，再蘸取紫色，加水调和，画出紫色的花朵。

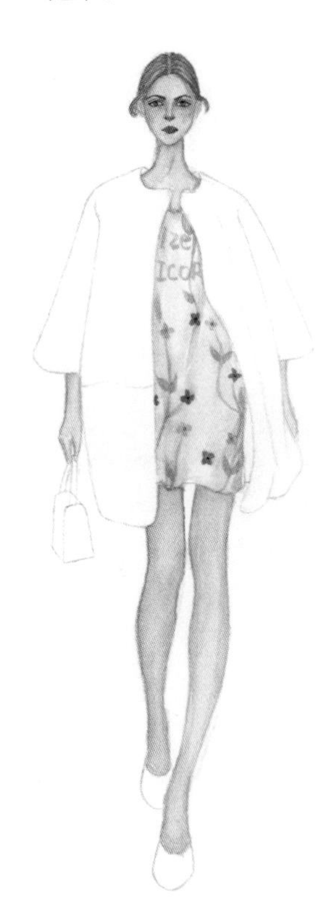

步骤九 ▶ 画出皮草外套的底色，应注意控制毛笔上面的水量来绘制出明暗变化之间的区别；用华虹8号毛笔蘸取红色，加入大量清水调和，用平铺方式，画出皮草外套的底色。

步骤十 ▶ 绘制皮草的线条变化，用马利2号勾线笔蘸取红色和洋红色，加入清水调和，勾勒出皮草毛的线条，应注意皮草毛线条的顺序。

步骤十一 ▶ 继续勾勒皮草毛的线条，用马利2号勾线笔蘸取红色、胭脂色和少量牡丹色，加入清水调和，勾勒出暗部的皮草毛线条。

步骤十二 ▶ 画出手提包颜色，用华虹4号毛笔蘸取黑色，加入清水调和，画出手提包的底色，再次加深手提包的暗面。

步骤十三▶ 画出鞋子的颜色表现，用华虹4号毛笔蘸取黄土色、少量橙色和少量焦茶色，加入清水调和，画出明暗颜色变化的鞋子颜色。

步骤十四▶ 用白色高光笔点缀出手提包的线条，再勾勒出皮草毛的白色高光，最后点缀出鞋子的高光。

6.8 水彩范例

第7章

彩铅+马克笔+水彩综合表现技法

本章节的案例采用多种技法相结合的表现方式，在时装画手绘过程中，更加丰富了时装画的画面效果。在采用多种技法相结合的表现方式中，要分清楚主次技法的结合。为了能够更好地展示服装效果，要突出运用以一种技法为主，另一种技法为辅的手绘方法；同样，也要根据服装款式以及特殊的面料材质来确定技法的主次关系。

7.1 马克笔+水彩表现技法

7.1.1 西装外套

案例表现的是单一颜色的西装外套。采用了深V西服领、贴袋的造型设计，在搭配同色系西裤时，通过整体的画面效果更加突出展示女性的职业气质。当绘制这款亮色系面料的西装颜色表现时，还要表现出面料的通透感，更加强调明暗颜色的变化。

绘画工具

1. 施德楼自动铅笔。
2. 施德楼橡皮擦。
3. 华虹全套毛笔。
4. 吴竹固体水彩颜料。
5. 千彩乐马克笔。
6. 吴竹黑色勾线笔。
7. 吴竹黑色毛笔。
8. 白色高光笔。
9. 调色盘。
10. 吸水海绵。

绘制要点

1. 西装外套的颜色表现。
2. 衣身位置褶皱线的处理。

马克笔绘画颜色

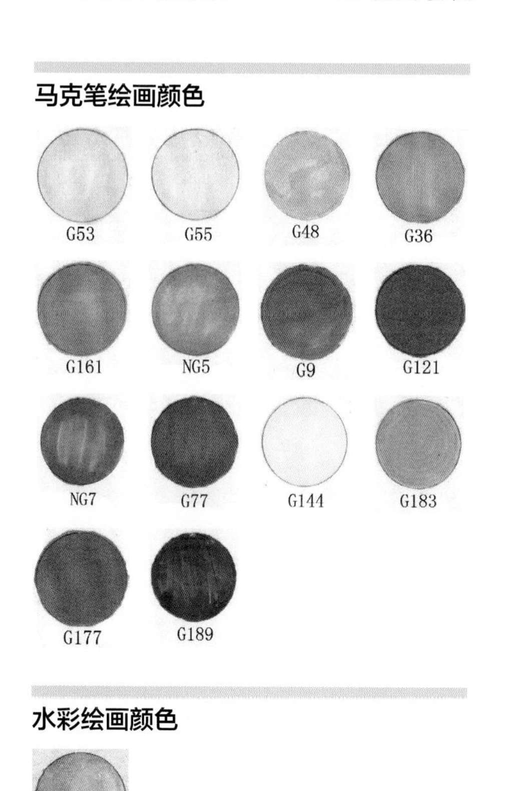

水彩绘画颜色

水色

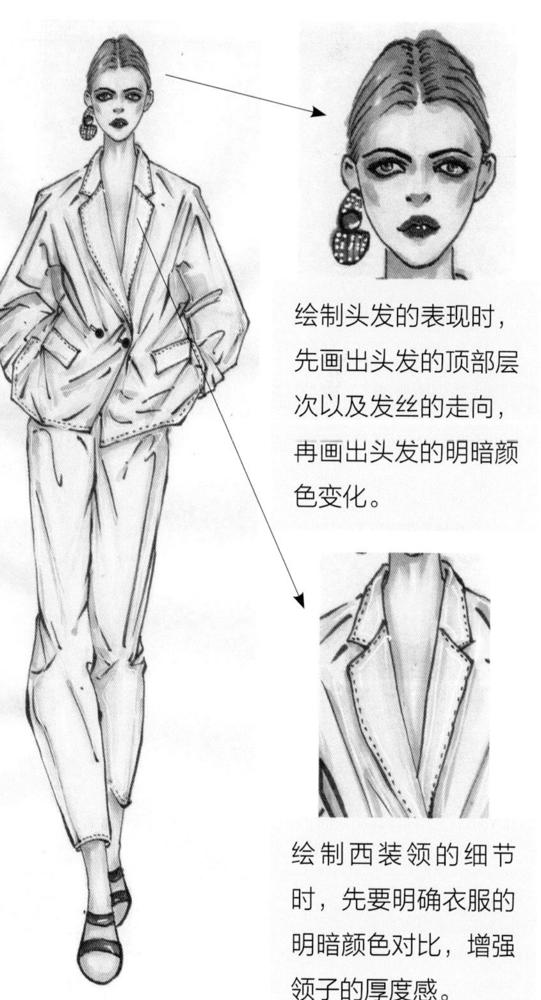

步骤一 ▶ 根据画好的人体动态轮廓线条，先勾勒出面部五官和发型的线条，再画出西装外套的轮廓线条，再确定出裤子的轮廓线条以及鞋子的线条表现，最后勾勒出外套内部的褶皱线以及口袋的线条。

步骤二 ▶ 先用吴竹黑色勾线笔画出人体的轮廓线条，再勾勒出面部五官的外轮廓线条表现，再用吴竹黑色毛笔画出头发的线条，画出整体服装的轮廓线条，应注意外套内部褶皱线条的虚实变化。

步骤三 ▶ 画出皮肤的颜色，用G53号色马克笔平铺画出皮肤的底色，再用G55号色马克笔加深眼窝、眼尾、鼻底、腿部的暗面，再次用G48号色马克笔加深鼻底和脖子的暗面颜色。

步骤四 ▶ 画出头发的颜色表现，用G36号色马克笔画出头发的固有色，亮部直接留白，再用G161号色马克笔加深头发的暗面颜色。

步骤五 ▶ 绘制耳环的颜色，先用NG5号色马克笔、NG8号色马克笔画出黑色耳环的明暗颜色，再用G9号色马克笔、G121号色马克笔画出耳环蓝色的明暗颜色变化。

步骤六 ▶ 画出面部的妆容，用NG7号色马克笔画出眼珠的颜色，再用G66号色马克笔画出眼尾位置的暗面，再用G77号色马克笔画出嘴唇的固有色表现。

步骤七 ▶ 用华虹6号毛笔蘸取少量水色，加入大量清水调和，用平涂方式平铺整件外套和裤子的底色。

步骤八 ▶ 继续用华虹6号毛笔蘸取大量水色，加水调和，加深西装外套和裤子内部的暗面颜色以及褶皱线位置的暗部。

步骤九 ▶ 继续加深服装颜色，用G144号色马克笔加深西装外套褶皱线位置的暗部颜色；再加深裤子褶皱线位置的暗部颜色。

步骤十 ▶ 继续加深褶皱线位置的颜色，增加层次效果，用G183号色马克笔加深褶皱位置的暗面，再用吴竹黑色针管笔画出西装外套内部的装饰线。

步骤十一 ▶ 用G177号色马克笔和G189号色马克笔画出鞋子的明暗颜色变化，再用白色高光笔点缀出耳环的高光，再画出西装外套和裤子的高光表现。

7.1.2 牛仔裤

案例表现的是一款七分长的牛仔裤。牛仔裤采用插袋、裤门襟以及裤脚卷边的造型设计，搭配一款深色系的休闲上衣，更能突出牛仔裤的样式特点。在绘制这款牛仔裤时，要先表现清楚裤子的轮廓以及裤腿位置褶皱线，牛仔裤的特点在于裤子表现的颗粒质感。

绘画工具

1. 施德楼自动铅笔。
2. 施德楼橡皮擦。
3. 华虹全套毛笔。
4. 吴竹固体水彩颜料。
5. 千彩乐马克笔。
6. 吴竹黑色勾线笔。
7. 吴竹黑色毛笔。
8. 白色高光笔。
9. 调色盘。
10. 吸水海绵。

绘制要点

1. 牛仔裤面料质感的表现。
2. 面部妆容的特点。

水彩绘画颜色

马克笔绘画颜色

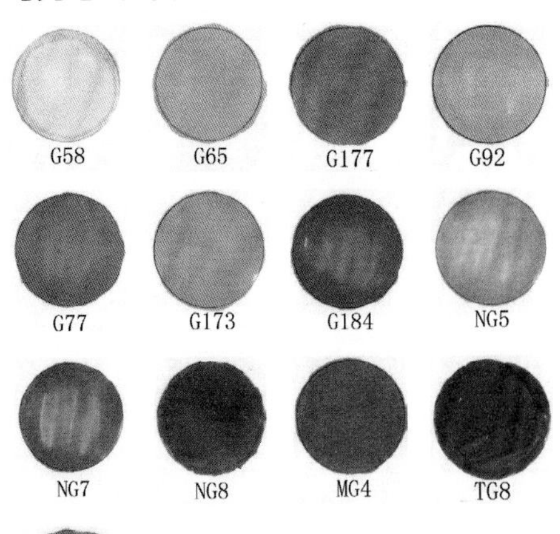

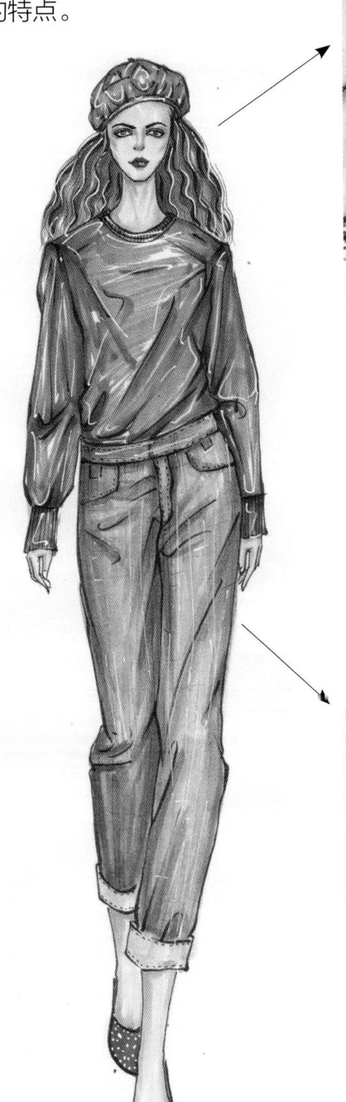

绘制头发颜色表现时，先平铺头发的底色，再画出头发的明暗颜色表现，最后用勾线笔勾勒出卷发的线条表现。

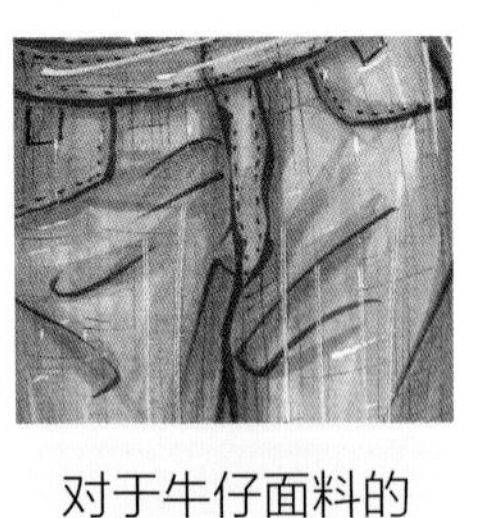

对于牛仔面料的质感颜色处理，要先画出明暗颜色变化，再仔细刻画牛仔布料的纹理表现。

步骤一 ▶ 先画出人体的动态轮廓线条，再画出面部五官、头发和帽子的轮廓线条，再刻画出上衣和裤子的外轮廓线条以及内部的褶皱线。

步骤二 ▶ 用吴竹黑色勾线笔画出人体的轮廓线条和面部五官的轮廓，再用吴竹黑色毛笔勾勒出头发丝和帽子的轮廓线条，再画出上衣和裤子的外轮廓线条，最后勾勒出衣服内部的褶皱线条表现。

步骤三 ▶ 用G58号色马克笔平铺画出皮肤的底色，再次用G58号色马克笔加深眼窝、鼻底和脖子的暗部颜色。

步骤四 ▶ 继续加深皮肤的暗面，用G65号色马克笔加深额头、眼窝、眼尾、鼻梁、鼻底、脖子、手和腿部的暗部颜色，再次加深鼻底和脖子的暗部颜色表现。

步骤五 ▶ 画出面部的妆容颜色，用吴竹黑色毛笔加深眉毛的颜色，加深眼睛的轮廓线条，再用G177号色马克笔画出眼珠的颜色，用G92号色马克笔画出眼影的颜色，最后用G77号色马克笔画出嘴唇的固有色表现。

步骤六 ▶ 先用G173号色马克笔画出头发的底色，运笔根据头发丝的走向进行上色；再用G184号色马克笔加深头发的暗面颜色，再用COPIC棕色针管笔画出头发丝的线条。

步骤七 ▶ 画出帽子的颜色。先用NG5号色马克笔平涂画出帽子的底色，再用NG7号色马克笔加深帽子内部褶皱线位置的暗部颜色，再用NG8号色马克笔加深褶皱线位置的暗部。

步骤八 ▶ 用MG4号色马克笔画出上衣的固有色表现，衣身部分上色时根据领口的转折和褶皱线条的变化进行上色。

步骤九 ▶ 加深上衣的暗部颜色表现，用MG4号色马克笔加深衣身内部褶皱线的暗部，再用TG8号色马克笔继续加深褶皱位置的暗面，再用吴竹黑色针管笔勾勒出衣身内部的装饰线条。

步骤十▶用华虹6号毛笔蘸取水色和少量蓝色，加大量清水调和，用平涂方式画出牛仔裤的底色。

步骤十一▶继续用华虹6号毛笔蘸取大量蓝色和少量美蓝色，加水调和，从暗部到亮面进行颜色的明暗过渡变化上色表现。

步骤十二▶继续加深牛仔裤的暗部，用G9号色马克笔加深牛仔裤内部褶皱线位置的暗部颜色，再用吴竹黑色勾线笔画出牛仔裤内部的装饰线条表现。

步骤十三 ▶ 用吴竹黑色针管笔勾勒出牛仔裤表现的纹理线条，再用NG8号色马克笔画出鞋子的固有色表现。

步骤十四 ▶ 用白色高光笔先点缀出眼睛和嘴唇的高光，再画出帽子和头发的高光线条，再画出上衣和牛仔裤的高光，最后点缀出鞋子内部的图案。

7.2 彩铅+马克笔表现技法

本章节采用的是彩铅和马克笔相结合的表现技法。彩铅的笔触效果比较细腻，再搭配透明度高的马克笔，将两种技法结合表现出的时装面料效果更有层次感。在运用两种技法上色的过程中，要根据服装的样式以及面料的特点来运用两种技法。

7.2.1 风衣

案例表现的是一款长款风衣。在面料上采用颜色比较亮丽的单一面料设计，采用了高领、不对称门襟、侧开衩的造型设计，风衣的面料质感相对比较厚实；再搭配面料比较轻薄的内搭服装，更能展现模特的气质。

绘画工具

1. 施德楼自动铅笔。
2. 施德楼橡皮擦。
3. 千彩乐马克笔。
4. 吴竹黑色勾线笔。
5. 吴竹毛笔。
6. 辉柏嘉油性彩铅。
7. 白色高光笔。

绘制要点

1. 长款风衣的面料质感表现。
2. 面部妆容的特点。

马克笔绘画颜色

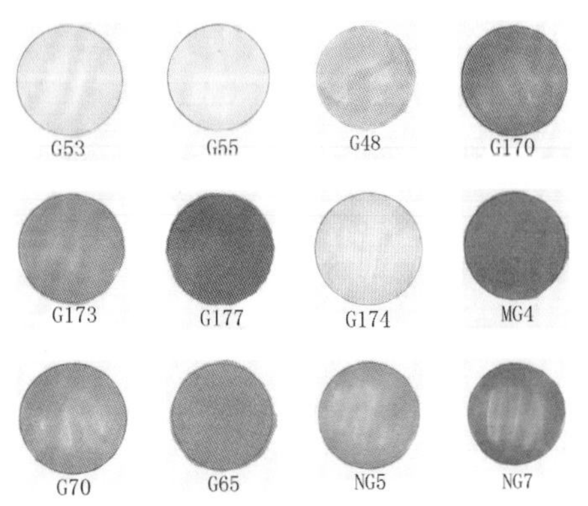

彩铅绘画颜色

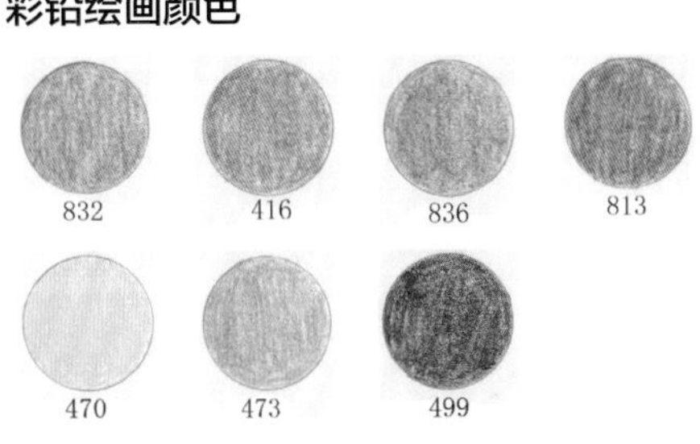

绘制风衣领时，最重要的是表现出褶皱的变化。

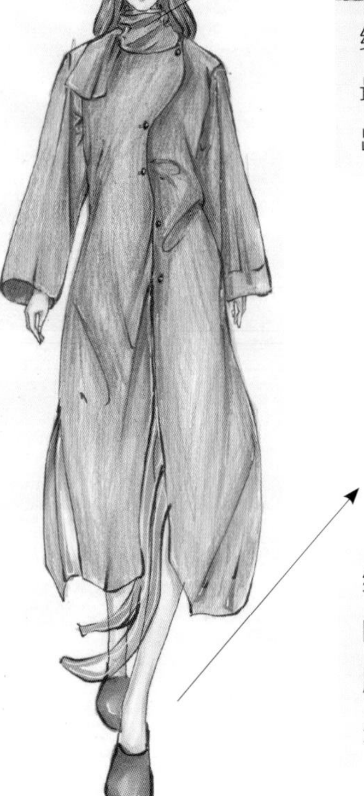

绘制腿部轮廓时，要注意前后腿部的空间变化关系。

步骤一 ▶ 用吴竹黑色勾线笔先画出人体的动态线条以及面部五官和头发丝的线条表现，应注意发尾的线条处理；再用吴竹黑色毛笔画出衣服的外轮廓线条，再勾勒出内部的褶皱线，应注意手臂与衣身之间的褶皱表现。

步骤二 ▶ 用G53号色马克笔平涂画出皮肤的底色，绘制面部皮肤的颜色表现时，应注意眼珠的位置不要涂皮肤的底色，再次用G53号色马克笔加深眼窝和脖子的颜色。

步骤三 ▶ 用G55号色马克笔加深额头、眼窝、眼尾、鼻梁、鼻底、脖子、手和腿部的暗部颜色，用G48号色马克笔再次加深眼窝、鼻底、脖子以及腿部的暗面。

步骤四 ▶ 画出面部的妆容，先用吴竹黑色勾线笔加深眼睛的轮廓厚度，用832号彩铅加深眼窝和鼻底的颜色，增加眼睛的深邃感，用416号彩铅画出眼影的颜色，再用836号彩铅画出眼珠的颜色，最后用813号彩铅画出嘴唇的颜色。

步骤五 ▶ 绘制头发的颜色表现，先用G170号色马克笔画出头发的固有色，再用G173号色马克笔加深头发的暗部颜色，再次用G177号色马克笔加深头顶、脖子位置的暗部颜色，增强头发的层次感。

步骤六 ▶ 先画出衣领和衣袖的颜色，用G174号色马克笔平铺画出衣领和衣袖的颜色，再继续用G174号色马克笔加深衣领褶皱位置的暗部颜色和衣袖褶皱位置的暗部颜色以及袖口的暗部颜色表现。

步骤七 ▶ 画出衣身的颜色，用G174号色马克笔画出衣身的颜色，用笔根据衣服的轮廓线条的方向进行转折变化上色，再次用G174号色马克笔加深衣身内部的暗部颜色，再次加深褶皱线的暗部。

步骤八 ▶ 用470号彩铅加深衣服的固有色，以彩铅上色时，根据衣服转折的轮廓线条，进行排线和叠色的上色技法表现。

步骤九 ▶ 用473号彩铅加深衣领褶皱线的颜色表现，再用473号彩铅继续加深衣领褶皱位置的暗面。

步骤十 ▶ 加深衣身的明暗颜色对比，用473号彩铅运用排线方式加深门襟、褶皱以及衣摆位置的暗部颜色，再用473号彩铅继续加深褶皱线位置的暗面。

步骤十一 ▶ 继续加深衣袖的颜色对比，用473号彩铅先加深袖口、褶皱位置的暗面颜色，再次用473号彩铅继续加深袖口位置的暗部。

步骤十二 ▶ 用499号彩铅画出扣子的颜色表现，用MG4号色马克笔加深袖口和褶皱线的暗面，再用G70号色马克笔和G65号色马克笔画出裙摆的明暗颜色变化。

步骤十三 ▶ 画出鞋子的固有色，用NG5号色马克笔平铺鞋子的底色，再用NG7号色马克笔加深鞋子的暗面，增强鞋子的厚度。

步骤十四 ▶ 用白色高光笔，先点缀出眼珠和嘴唇的高光，再画出衣服的高光颜色，最后画出鞋子的高光。

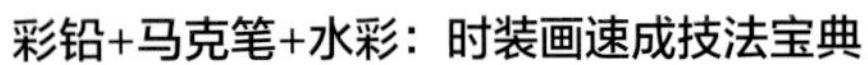

7.2.2 纱裙

案例表现的是一款拼接吊带纱裙。纱裙采用多层叠搭的裙摆设计，从上到下逐渐变大的裙摆样式。在绘制这款拼接面料的纱裙颜色时，要先表现清楚裙摆的轮廓线条以及每一层裙摆的蓬松质感，再刻画出内部的细节颜色。

绘画工具

1. 施德楼自动铅笔。
2. 施德楼橡皮擦。
3. 千彩乐马克笔。
4. COPIC棕色勾线笔。
5. 吴竹毛笔。
6. 辉柏嘉油性彩铅。
7. 白色高光笔。

绘制要点

1. 纱裙的面料质感的表现。
2. 头发的颜色处理。

马克笔绘画颜色

G170 G177 G61

G144 G3 NG3

NG5 NG8

彩铅绘画颜色

430 499

832 814

833 811

绘制面部妆容颜色时，要注意加深眼窝以及鼻底的暗部，体现面部的立体感。

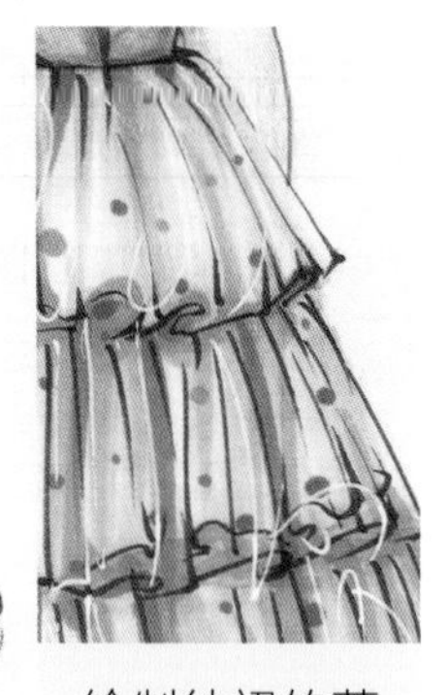

绘制纱裙的蓬松质感时，要刻画清楚褶皱线的变化。

步骤一 ▶ 先画出人体的动态表现，注意两手臂的摆动，再确定出面部五官的轮廓，画出头发的造型表现，再根据画好的人体动态，先画出连衣裙的外轮廓线条表现，再画出裙摆层叠的线条，应注意裙摆的前后起伏变化。

步骤二 ▶ 先用COPIC棕色勾线笔画出人体的外轮廓线条以及面部五官的轮廓，再用吴竹黑色毛笔勾勒出头发的造型线条，再画出连衣裙的整体轮廓线条，应注意裙子内部褶皱线条的变化。

步骤三 ▶ 以430号彩铅用平涂的方式画出皮肤的底色，应注意上色运笔时用排线的方式进行上色绘制。

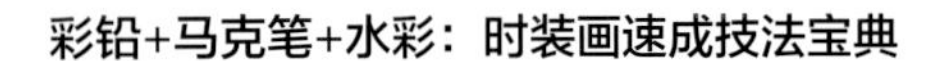

步骤四 ▶ 继续加深皮肤的暗部颜色，用430号彩铅加深额头、眼窝、眼尾、鼻梁、鼻底、面颊、脖子、肩部、手臂的暗面颜色，再次用430号彩铅加深眼窝、鼻底和脖子的暗面。

步骤五 ▶ 画出面部的妆容，先用499号彩铅加深眉毛的颜色，加深眼睛的轮廓线条；再用832号彩铅加深眼窝、眼尾和眼底的颜色表现，再画出眼珠的固有色，用814号彩铅画出嘴唇的固有色表现。

步骤六 ▶ 用G170号色马克笔画出头发的底色，再用G177号色马克笔加深头发的暗部颜色，应注意头发的亮面留白表现。

步骤七 ▶ 先用吴竹黑色勾线笔勾勒出耳环的轮廓形状，用833号彩铅画出耳环的固有色表现，亮面直接留白，再用811号彩铅画出耳环的亮色部分。

步骤八 ▶ 画出上半部分连衣裙内部的颜色，以G61号色马克笔用平涂的方式填满上半部分连衣裙的底色，再次加深颜色表现。

步骤九 ▶ 画出上半部分薄纱的颜色，先用832号彩铅加深薄纱上衣的颜色表现，再用832号色彩铅继续加深薄纱上衣内部褶皱线位置的暗部颜色。

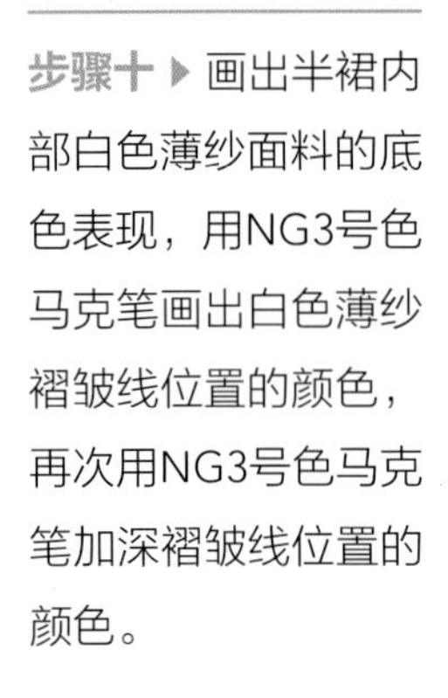

步骤十 ▶ 画出半裙内部白色薄纱面料的底色表现，用NG3号色马克笔画出白色薄纱褶皱线位置的颜色，再次用NG3号色马克笔加深褶皱线位置的颜色。

步骤十一 ▶ 画出绿色和红色薄纱面料的颜色，用G112号色马克笔先画出绿色薄纱面料的颜色表现，再用G61号色马克笔画出红色薄纱面料的颜色表现。

步骤十二 ▶ 继续用G61号色马克笔加深红色薄纱面料的颜色，用G144号色马克笔加深蓝色薄纱面料的颜色，再用G3号色马克笔加深紫色薄纱面料的颜色。

步骤十三 ▶ 继续加深薄纱裙子的颜色，用NG3号色马克笔加深薄纱面料的灰色颜色表现，应注意加深褶皱线的暗面颜色，再用NG5号色马克笔点缀出纱裙上面的圆点图案。

步骤十四 ▶ 用NG8号色马克笔先加深每一层薄纱面料裙摆的暗面颜色，再继续点缀出薄纱裙上面大小不一的圆点图案，最后用白色高光笔先画出耳环的高光，再画出整件连衣裙的高光颜色。

7.3 彩铅+水彩表现技法

本章节采用的是彩铅和水彩相结合的表现技法。彩铅细腻的笔触融合在水彩技法里面，一般都是运用水彩技法为大面积颜色铺色。彩铅技法主要是辅助铺色。由于彩铅与水彩的颜色融合非常自然，在时装画中也是经常运用这两种技法来绘制时装效果图。

7.3.1 皮裤

案例表现的是一款高腰长款皮裤，采用插袋、门襟拉链、长款裤脚的造型设计。这款皮裤属于比较贴身的裤子，再搭配一款同色系的短靴，整体造型非常干练、时尚。绘制这款皮裤的面料质感时，应注意对褶皱线位置的颜色处理以及对皮肤亮部颜色的处理。

绘画工具

1. 施德楼自动铅笔。
2. 施德楼橡皮擦。
3. 华虹全套毛笔。
4. 马利全套勾线笔。
5. 宝虹全棉水彩纸。
6. 吴竹固体水彩颜料。
7. 辉柏嘉彩铅。
8. 调色盘。
9. 吸水海绵。
10. 白色高光笔。

绘制要点

1. 皮裤的面料颜色的绘制表现。
2. 短靴的内部轮廓线条的处理。

彩铅绘画颜色

831　832　478

水彩绘画颜色

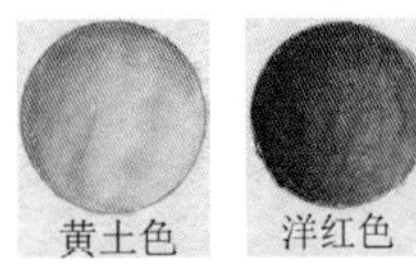

黄土色

洋红色

岱赭色

蓝色

胭脂色

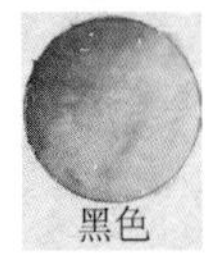

黑色

焦茶色

运用水彩绘制皮裤的质感时，可以借助纸张纹理的效果来突出表现。

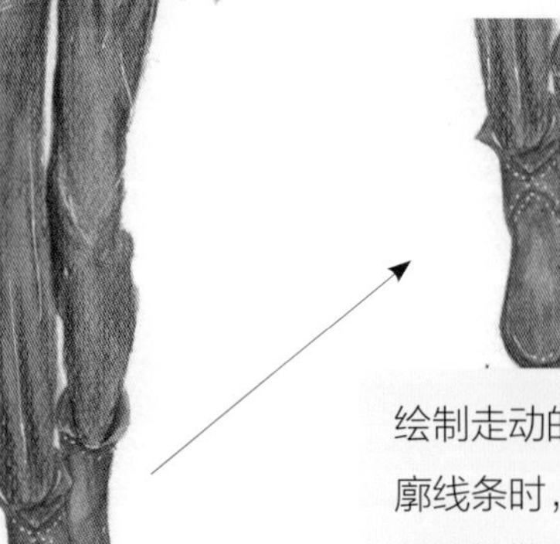

绘制走动的短靴轮廓线条时，应注意后腿短靴的轮廓造型的变化。

步骤一 ▶ 先画好人体的轮廓线条，再勾勒出面部五官和发型的线条，画出上衣的轮廓线条，再确定出裤子的轮廓线条以及鞋子的线条表现，最后勾勒出裤子内部的褶皱线以及口袋的线条。

步骤二 ▶ 用华虹4号毛笔蘸取洋红色和黄土色，加入大量清水调和，用平涂方式画出皮肤的底色，再次加深额头、眼窝、鼻底和脖子位置的颜色。

步骤三 ▶ 继续加深皮肤的暗面，用马利2号勾线笔，继续蘸取洋红色和黄土色，加入清水调和，加深额头、眼窝、眼尾、鼻梁、鼻底、面颊、脖子和手部的暗面颜色。

步骤四 ▶ 画出面部的妆容表现，先用马利2号勾线笔蘸取焦茶色和少量黑色，加入清水调和，画出眉毛的颜色，再蘸取黑色，加深眼睛的轮廓；再蘸取蓝色，画出眼珠的颜色，重新蘸取黄土色，画出眼影的颜色，最后蘸取朱色，画出嘴唇的颜色表现。

步骤五 ▶ 绘制头发的颜色表现时，用华虹4号毛笔蘸取焦茶色，加水调和，画出头发的底色；再继续蘸取黑色，调和，画出头发的暗部颜色表现，重新蘸取少量黑色，画出耳朵位置头发丝的线条。

步骤六 ▶ 用华虹6号毛笔蘸取少量黑色，加入大量清水调和，平铺画出上衣的底色，继续加深上衣内部褶皱线的颜色。

步骤七 ▶ 继续加深上衣的颜色表现，用华虹4号毛笔蘸取黑色，加水调和，继续加深上衣内部褶皱的暗面颜色；再用马利2号勾线笔直接蘸取黑色，加少量清水调和，画出上衣内部的线条。

步骤八 ▶ 画出上衣装饰领结的颜色，用马利2号勾线笔直接蘸取黑色，画出领结的固有色表现；再洗净毛笔，重新蘸取胭脂色，点缀出领结上面的红色部分表现。

步骤九 ▶ 画出裤子的颜色，用华虹6号毛笔蘸取黄土色和岱赭色，加水调和，平铺画出裤子的底色，再次加深裤子的底色。

步骤十 ▶ 继续加深褶皱线位置的颜色，增加层次效果，用831号彩铅运用排线的方式，加深裤子褶皱位置的暗部颜色表现，应注意裤腿位置以及裤子门襟位置暗面颜色的表现。

步骤十一 ▶ 再次加深裤子的固有色表现，用832号彩铅加深整条裤子的固有色，应注意用笔的转折变化，再用478号彩铅加深裤子内部褶皱线的暗部颜色。

步骤十二 ▶ 画出鞋子的固有色表现，用华虹4号毛笔蘸取岱赭色和焦茶色，加入清水调和，画出鞋子的底色，再次加深鞋底的颜色。

步骤十三▶ 继续加深鞋子的颜色表现，用马利2号勾线笔蘸取少量岱赭色和焦茶色，加水调和，画出鞋子的暗部颜色，再次加深鞋子的暗面，增加层次效果。

步骤十四▶ 用白色高光笔先点缀出眼珠和嘴唇的高光，再画出头发的高光，画出上衣内部的高光和裤子的高光表现，最后画出鞋子的高光。

7.3.2 连衣裙

案例表现的是一款花卉图案连衣裙，采用圆领、中袖、腰部分割的造型设计，连衣裙的面料底色为白色面料，可搭配多种不同的花卉图案来表现连衣裙的层次感；绘制该绘画图案面料的连衣裙效果时，要先仔细刻画出每朵花卉的轮廓细节，以丰富裙子的画面效果。

绘画工具

1. 施德楼自动铅笔。
2. 施德楼橡皮擦。
3. 华虹全套毛笔。
4. 马利全套勾线笔。
5. 宝虹全棉水彩纸。
6. 吴竹固体水彩颜料。
7. 辉柏嘉彩铅。
8. 调色盘。
9. 吸水海绵。
10. 白色高光笔。

绘制要点

1. 连衣裙花卉颜色的表现。
2. 面部妆容颜色的表现。

水彩绘画颜色

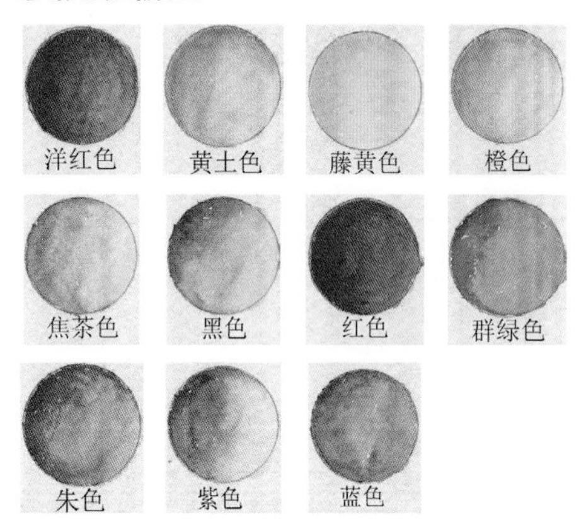

彩铅绘画颜色

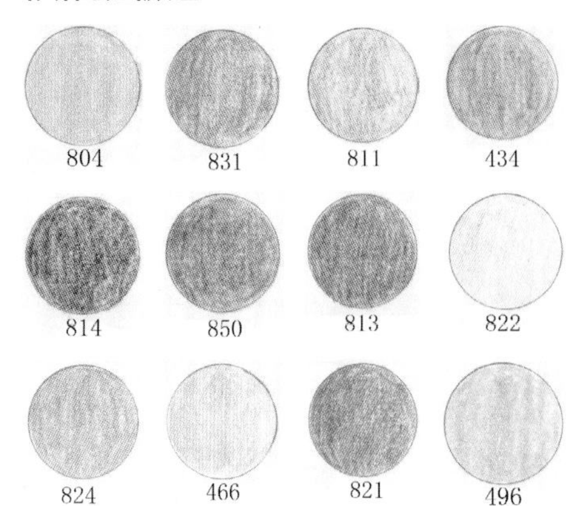

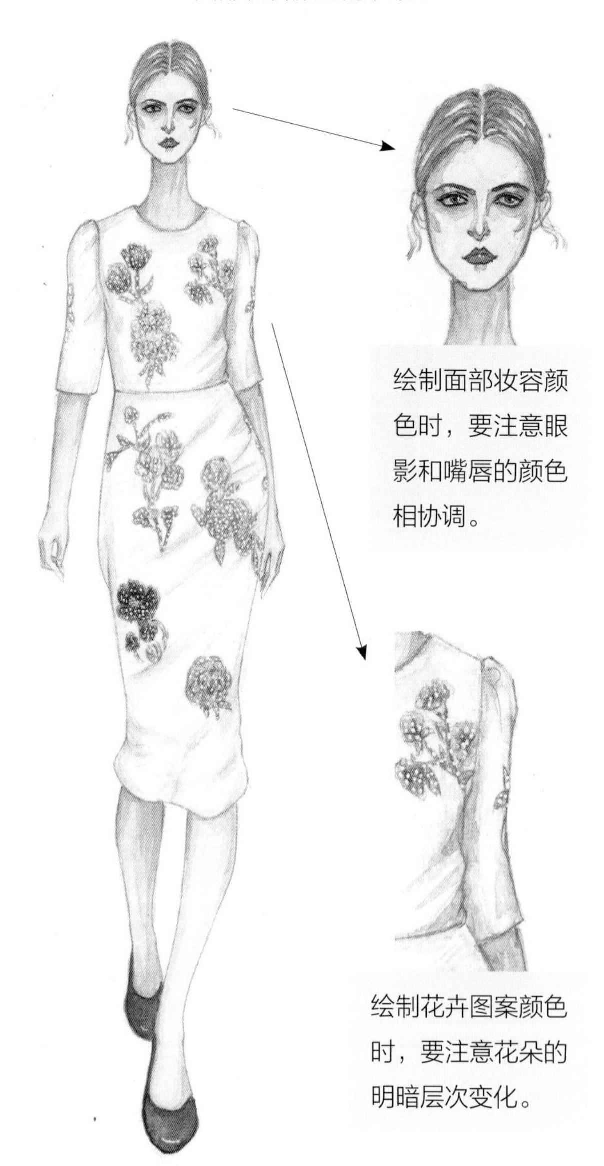

步骤一 ▶ 先画出人体走动的动态表现，再确定出面部五官以及发型的造型；再根据人体走动的动态，确定出连衣裙衣领以及裙摆的位置，画出连衣裙的轮廓线条。

步骤二 ▶ 用华虹4号毛笔蘸取藤黄色和洋红色，加水调和，平铺皮肤的底色；再蘸取黄土色继续调和，画出眼窝、眉弓、鼻底、面颊、下巴、脖子、手部和腿部的暗部颜色表现。

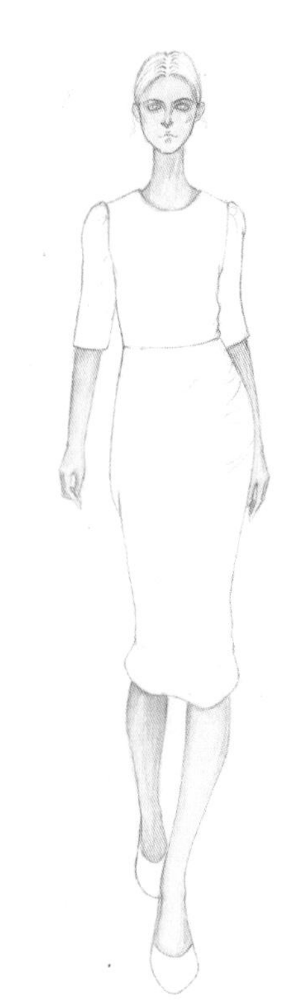

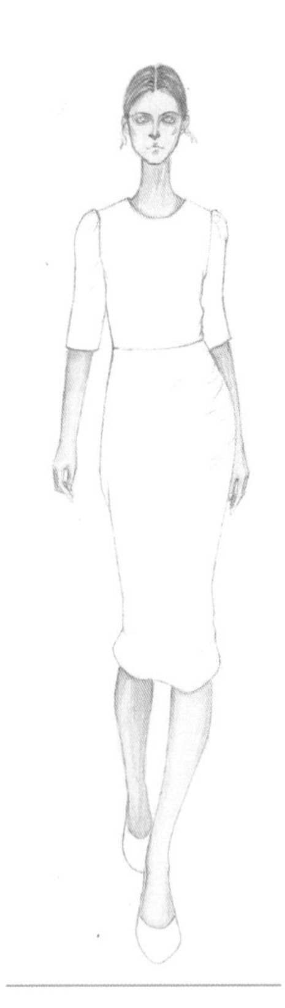

步骤三 ▶ 画出头发的颜色，用华虹4号毛笔蘸取少量橙色和黄土色，加水调和；画出头发的底色，再继续蘸取焦茶色，调和，画出头发的暗部颜色以及头发丝的线条。

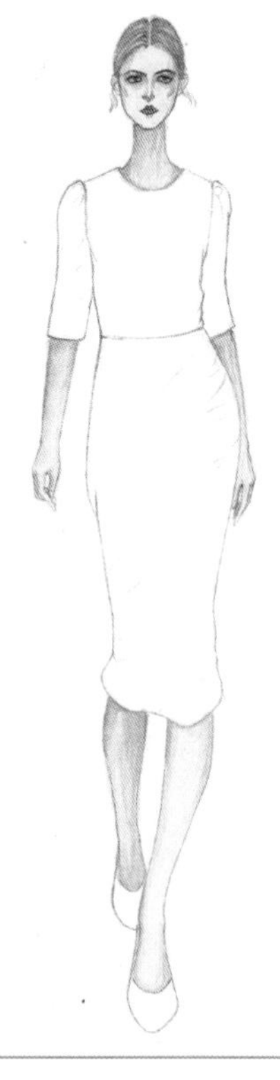

步骤四 ▶ 用马利2号勾线笔直接蘸取黑色，画出眼睛的轮廓线；再蘸取焦茶色，加水调和，画出眉毛的颜色；再蘸取群绿色，调和，画出眼珠的颜色，再重新蘸取朱色，加水调和，画出嘴唇的固有色。

步骤五 ▶ 先画出白色连衣裙的暗部颜色，用马利2号勾线笔蘸取焦茶色，加入大量清水调和，画出连衣裙内部褶皱线、领子、袖子以及裙摆的暗部颜色表现。

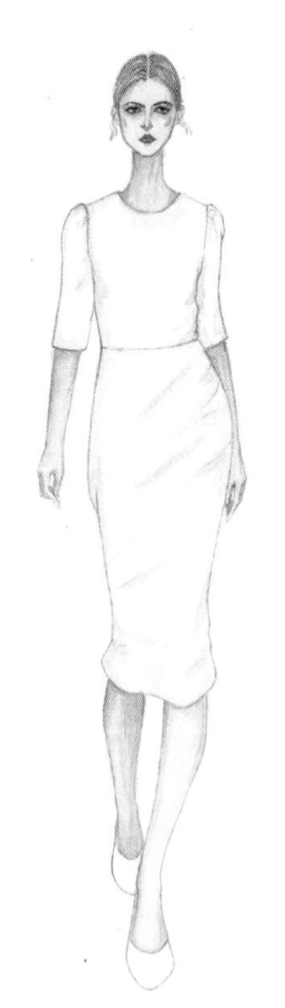

步骤六 ▶ 用铅笔勾勒出连衣裙印花图案的轮廓线条，先画出上半身和衣袖的花卉图案，再画出裙身的花卉图案线条。

步骤七 ▶ 用马利2号勾线笔蘸取黄土色，加水调和，画出黄色的花朵颜色；再蘸取紫色，加水调和，画出紫色的花朵颜色；再蘸取红色，加水调和，画出红色的花朵颜色，最后蘸取蓝色，加水调和，画出蓝色花朵颜色。

步骤八 ▶ 加深黄色花朵的颜色，用804号彩铅加深黄色花朵的固有色，再用811号彩铅画出花蕾的颜色，用831号彩铅画出黄色花朵的暗部颜色。

步骤九 ▶ 画出上半身紫色花朵的颜色，用434号彩铅画出紫色花朵的颜色，再用814号彩铅画出紫红色花朵的颜色，用804号彩铅画出花蕾的颜色，最后用850号彩铅加深花朵的暗部颜色。

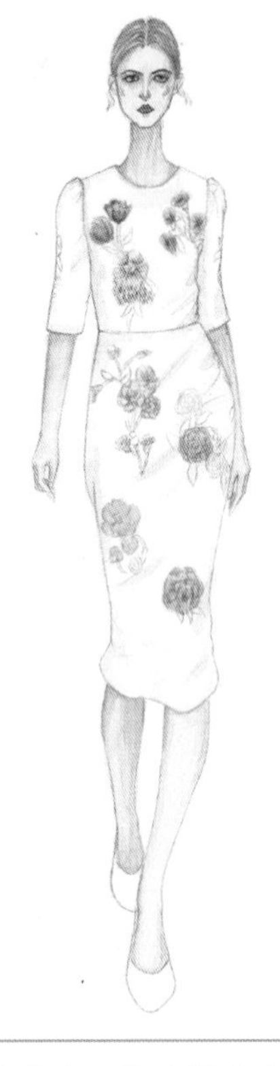

步骤十 ▶ 画出裙身紫色花朵的颜色，用434号彩铅画出紫色花朵的颜色，应注意颜色的虚实变化，再用850号彩铅加深紫色花朵的暗部颜色。

步骤十一 ▶ 画出红色花朵的图案，用813号彩铅画出红色花朵的固有色，应注意用笔的轻重变化；再用814号彩铅加深红色花朵的暗部颜色表现。

步骤十二 ▶ 画出蓝色花朵和叶子的颜色表现，先用822号色彩铅和824号色彩铅画出蓝色花朵的明暗颜色变化，再用466号色彩铅和821号色彩铅画出叶子的明暗颜色变化。

步骤十三 ▶ 画出鞋子的固有色，用马利2号勾线笔蘸取黑色；加入清水，调和，平涂画出鞋子的颜色，再继续蘸取黑色，调和，画出鞋子的暗面颜色。

步骤十四 ▶ 用496号彩铅加深白色连衣裙的暗部颜色，再用白色高光笔点缀出花朵图案内部的高光颜色。

7.3.3 礼服裙

案例选择的是一款拖地礼服裙。礼服裙采用一字领、高开衩的造型设计，礼服裙的面料采用上半身亮片拼接、下半身裙摆花黑色面料设计。整体效果充分展示女性的优雅气质，绘制礼服裙的颜色质感时，要画出面料的厚重感以及裙摆的褶皱变化。

绘画工具

1. 施德楼自动铅笔。
2. 施德楼橡皮擦。
3. 华虹全套毛笔。
4. 马利全套勾线笔。
5. 宝虹全棉水彩纸。
6. 吴竹固体水彩颜料。
7. 辉柏嘉彩铅。
8. 调色盘。
9. 吸水海绵。
10. 白色高光笔。

水彩绘画颜色

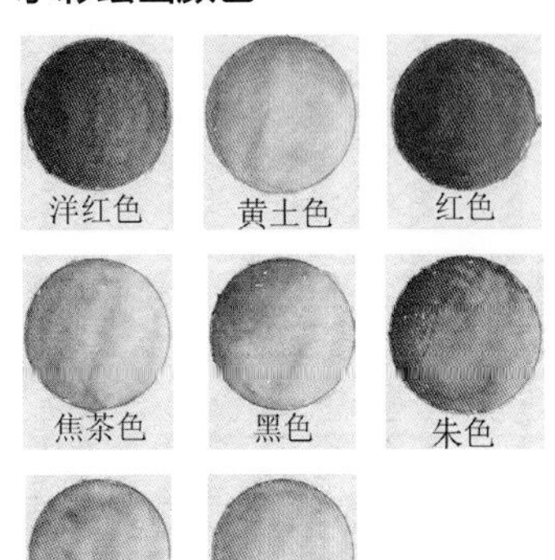

彩铅绘画颜色

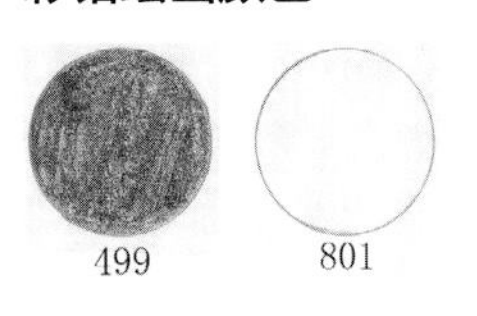

绘制要点

1. 礼服裙面料质感的颜色表现。
2. 腿部与裙摆之间的穿插关系。

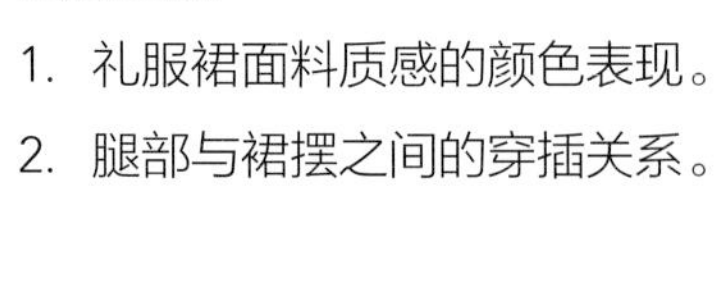

腰带的面料质感与裙子的面料质感不同，绘制腰带的颜色要借助纸张的纹理表现。

绘制面部头发的颜色表现时，要注意加深脖子位置的颜色，增加层次效果。

步骤一 ▶ 用铅笔先画出人体的动态轮廓线条，再确定出面部五官和头发的造型线条；根据人体动态的轮廓，确定出礼服裙的一字领、衣袖、腰部、侧开衩和裙摆的位置，再画出整体的外轮廓线条，最后确定出腰部特点、侧开衩与腿部之间的交叉关系以及裙摆的前后变化。

步骤二 ▶ 仔细刻画时装线稿，擦除多余的杂线，再绘制皮肤的颜色表现；用华虹4号毛笔蘸取洋红色和黄土色，加水调和，画出皮肤的底色表现，再次用毛笔画出额头、脖子和腿部的皮肤颜色。

步骤三 ▶ 加深皮肤的颜色，用华虹4号毛笔蘸取少量洋红色和黄土色，加水调和，加深皮肤的底色，应注意强调眼窝、鼻底位置的颜色；再蘸取少量焦茶色、少量洋红色和黄土色，加水调和，加深额头、眼窝、眼尾、鼻梁、鼻底、面颊、脖子、手、腿部的暗部颜色，再次加深眼窝、鼻底、脖子和腿部的暗部颜色。

步骤四 ▶ 画出面部的妆容颜色，用马利2号勾线笔直接蘸取黑色，加深眼睛的轮廓线条和黑眼珠的颜色，再加入焦茶色和黄土色，加水调和；画出眉毛的颜色和眼珠的颜色，重新蘸取少量朱色和橙色，加水调和，画出眼影的颜色表现，重新蘸取少量红色，加入大量清水调和，画出腮红的颜色，再蘸取朱色，加水调和，画出嘴唇的固有色，最后蘸取黑色，勾勒出睫毛的线条表现。

步骤五 ▶ 画出头发的颜色表现，用华虹6号毛笔蘸取黄土色、岱赭色、少量焦茶色，加水调和，用平涂的方式，根据头发丝转折的方向，突出头发的底色；再用华虹4号毛笔蘸取岱赭色和焦茶色，加水调和，画出头顶、耳朵位置的暗部颜色，再用马利2号勾线笔蘸取焦茶色和少量黑色，调和，勾勒出头发丝的线条。

步骤六 ▶ 先用华虹8号毛笔蘸取清水，平涂一次整个礼服裙，再用华虹6号毛笔蘸取大量黑色，加入清水调和，画出上半身礼服裙的颜色；再用华虹8号毛笔蘸取少量黑色，加入清水调和，画出裙身的底色；再用华虹6号毛笔蘸取黑色，加入少量清水调和，加深腰部的颜色。

步骤七 ▶ 继续加深礼服裙上半身的颜色，用华虹4号毛笔蘸取黑色，加入少量清水，加深上半身以及衣袖的固有色；再用马利2号勾线笔蘸取黑色，勾勒出衣身和衣袖内部褶皱线的暗部颜色，再用499号彩铅加深腰部的固有色，再用801号彩铅画出腰部的亮部位置表现。

步骤八 ▶ 继续加深裙摆的颜色表现，用华虹8号色毛笔蘸取大量黑色，加水调和，加深裙摆的颜色，主要控制毛笔的水量，再用华虹4号毛笔蘸取大量黑色，加水调和；从裙摆的暗部向亮部过渡上色，画出有明暗变化的颜色，再用马利2号勾线笔蘸取黑色，加入少量清水，加深褶皱线位置的暗部颜色。

步骤九 ▶ 加深裙摆的固有色，用华虹4号毛笔蘸取大量黑色，加入清水调和，从裙摆的暗部向亮部过渡地加深裙摆颜色；再次加深褶皱线位置的暗部颜色，用马利2号勾线笔画出红色图案，蘸取橙色画出橙色图案，再用马利2号勾线笔蘸取黑色，加水调和，画出鞋子的底色。

步骤十 ▶ 继续加深鞋子的固有色，用499号彩铅加深鞋子的固有色表现，再用白色高光笔画出礼服裙内部的白色图案表现，最后再用801号彩铅画出裙摆的亮部颜色，增加裙摆的明暗颜色对比。